第2版

食物

單一級技能檢定
學／術科教戰指南

製備

|SECOND EDITION|

FOOD PREPARATION

編著 OMAK 何金城 陳楓洲 ⦿ 中華日式料理發展協會 專業推薦

推薦序

臺灣擁有著美食天堂的稱號,各國美食包羅萬象,確實令餐飲行業豐富且多元的發展。

由於因應多國料理不斷推陳創新,原有沿襲許久的中餐烹調與西餐烹調的兩項技能檢定,已經無法涵蓋臺灣目前整體的餐飲業。

多元料理的現況,加上面對著餐飲市場多方多元的種類以及消費顧客對於食材嚴選和調理的方法,都必定有其特色與堅持之下,必須加強從業人員具備食材處理、烹調等基本技能,以接軌目前世代和多元料理環境。

勞動部於一〇七年開辦「食物製備—單一級技術士」技能檢定,新增食物製備職類檢定,此「食物製備」單一級檢定強化了從業人員具備食材處理與烹調共通之基本技能,以符合食品安全與衛生的操作規定,強調識材與選材、前處理與儲存、刀工與烹調、廚務管理、成本控制等食安營養衛生及料理烹調製作的基本知識與技能。

本書《食物製備單一級技能檢定—學／術科教戰指南》36 道應試術科中,日式料理手法囊括 16 道。從報名的方式、流程、組別、題目、材料,乃至前製備、烹調流程、階段說明到相關注意事項,以層次分明與圖解清楚,極為詳盡的提點解說。

全新職類「食物製備—單一級檢定」內容著重具備前製備、烹調製備、善後處理三個階段,包含著識材、選材、前處理與儲存、刀工與烹調、廚務管理、成本控制等。

而日本料理技法—以心重手的特質,在製作研習、實務操作中,如何透過精挑嚴選與妥善處理食材,並藉由其基礎技能、手法,完成道道佳餚,相信於本書中得以初窺基本。

中華日式料理發展協會理事長

曾文龍

編者序

臺灣美食享譽全球，向來有美食天堂之稱，近代以來從最早定居臺灣的南島語系先民，大致以甘藷、粟、山芋、旱稻為主食，靠山的打獵，靠海的補魚，運用傳統水煮、醃漬、熏烤等方式成為具有獨特風味的美食；西方列強占領期間，透過貿易也帶來許多西方的食材；明鄭時期與清王朝時代，大量的閩南、客家人來臺，飲食方面演進為口味清淡的湯品入菜與客家「炆」菜等，烹調方法有炒、蒸、溜、煨、燉、白斬等，更有蝦油、蝦醬、紅糟、白糟、醉糟、酸杏等特殊風味的調味料；日治時期臺人也學習到許多日式料理的調理技術；國民政府撤退來臺後，更將中國大江南北的八大菜系薈萃融合在臺灣；近三十年經濟起飛與國際交流頻繁，許多國際知名連鎖餐飲機構進駐臺灣，促使臺灣進入了一個多元無國界的美食天堂。

長年以來各級教育機構積極培育餐飲廚藝人才，勞動部更推動了許多餐飲相關技術士檢定，以提升國人整體的餐飲專業素養與廚師衛生管理能力。而原有的中餐、西餐烹調技術士技能檢定，面對發展至此的飲食潮流，已無法涵蓋各國料理之技術範疇。因此食物製備單一級，是一個跨越中西餐菜系藩籬的技能檢定，講求從第一站的食材圖卡辨識、第二站的場地器具與選材盤點、第一階段依測試題卡內容與衛生規範進行前處理、刀工、分裝與儲存，第二階段再依照操作說明烹調製備，只要能熟讀本書與測試題卡，透過反覆練習熟悉作業流程，並多逛菜市場認識食材，一定可以順利取得本證照。

食物製備單一級所學習的菜餚內容，著重於能充分使用全食材入菜，減少浪費而更貼近餐飲業的實際操作，烹調技法上也充分融入中西式、日式、臺式與泛亞洲風味菜餚，在許多烹調與調味規定方面，尊重各菜系之專業技術，只要符合題意細部手法，都是可以靈活運用，因此可以讓許多中西餐以外的餐飲專業人士輕鬆上手。

本次改版調整部分考題製作步驟的圖片與文字敘述，使流程更順暢易懂，希望本書可以有效的幫助各位，在專業能力方面能更熟稔應考相關規定，並且順利通過檢定。

目 錄 CONTENTS

CONTENTS

PART 04　食物製備單一級技能檢定術科測試試題說明及刀工示範 29

PART 05　食物製備單一級技能檢定術科試題組合實作練習 79

PART
06

食物製備單一級技能檢定學科測試試題 203

FOOD

Part 01

食物製備單一級
技能檢定

術科測試報考資訊

報考流程

食物製備報名辦法與檢定方式

報考資格 ─── 年滿十五歲或國民中學畢業者

報名表
- **少量購買**：全國之全家便利商店、萊爾富便利商店、OK超商、臺北市職能發展學院
- **下載**：勞動部勞動力發展署技能檢定中心

報名繳費

學科測試

21800	食物製備	60%
90006	職業安全衛生共同科目	5%
90007	工作倫理與職業道德共同科目	5%
90008	環境保護共同科目	5%
90009	節能減碳共同科目	5%
90010	食品安全衛生及營養相關職類共同科目	20%

術科測試
- 第一站 圖卡辨識線上測驗　20分鐘
- 第二站 實作測試（共12個題組，每題組各3道菜，抽其中一個題組測試）

第一階段	前製備	80分鐘
第二階段	烹調製備	60分鐘
第三階段	善後處理	10分鐘

領證 ─── 學科術科皆及格（60分以上）

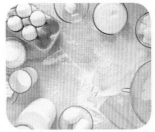

FOOD

Part 02

食物製備單一級技能檢定

術科測試應檢人須知

一　綜合注意事項

（一）術科測試辦理單位應於測試前 14 天，將術科測試應檢參考資料寄送給應檢人。

（二）應檢人需自行至技能檢定中心全球資訊網／便民服務／表單下載區觀看第一站圖卡辨識線上測試－線上測試之操作影片範例，測試當日不另行播放。

二　測試當日注意事項

（一）應檢人依通知日期、時間到達檢定場後，請先到「報到處」辦理報到手續，應檢人報到時，應繳驗准考證、術科測試通知單、身分證或其他法定身分證件。

（二）應檢人應依測試時間配當表辦理報到，第一站測試開始後逾 15 分鐘尚未進場者，不准進場應檢；第二站測試時應準時入場，逾時不准入場應檢。

（三）應檢人報到完畢後，由試務人員集合核對人數，點交由當日監評長（或指定之監評人員）進行服裝儀容檢查。應檢人服裝儀容未依規定穿著者，不得進場應試，術科成績以不及格論。應檢人如有異議，監評長應邀集所有監評人員召開臨時會議討論並決議之。

（四）綜合注意事項說明後，由術科測試編號最小號之應檢人進行試題抽籤，辦法如下：

1. 由監評人員主持公開抽題（無監評人員親自在場主持抽題時，該場次之測試無效），術科測試現場（應檢人休息區）應準備電腦及印表機相關設備各一套，術科測試辦理單位依時間配當表辦理抽題，場地試務人員並將電腦設置到抽題操作介面，會同監評人員、應檢人，全程參與抽題，處理電腦操作及列印簽名事項。

2. 第一站圖卡辨識線上測試抽題組合抽籤：由術科測試編號最小號之應檢人代表抽出抽題組合，監評長依抽出之結果於線上測試系統設定抽中之組合編號進行測試。

3. 測試小題抽籤：由術科測試編號最小號之應檢人由 401-A1~A6、402-B7~B12 之 12 小題中，抽出其測試小題，其餘應檢人則依序循環應試，若有缺考者仍應依序號測試，不往前遞補；例如測試編號最小號應檢人抽到

401-A6 小題，下一個編號之應檢人測試 402-B7 小題，其餘（含遲到及缺考）依此類推。

4. 若當日該場次僅有 6 位以下（含 6 位）之應檢人，則由術科測試辦理單位在測試前 3 天內（若遇市場休市、休假日時可提前一天）由單位負責人以電子抽籤方式抽出一題組（401 或 402，應檢人於測試當日抽出小題即可），供準備材料及測試使用，抽題結果應由負責人簽名並彌封。

5. 俟應檢人代表抽題，各應檢人確認其對應之測試小題後，試務人員立即發予各應檢人其測試小題卡及刀工規範卡。應檢人依抽籤結果進行測試，遲到者或缺席者不得有異議。

6. 術科測試辦理單位應於抽題紀錄表記載所有應檢人對應之測試題組、小題，並經所有應檢人及監評長簽名確認，以供備查。

7. 應檢人應攜帶測試小題卡、刀工規範卡及自備工（用）具等應檢用品移動至第一站圖卡辨識線上測試及第二站實作之場地，並應自行妥善保管；私自互換測試小題卡者予以扣考，不得繼續應檢，術科測試成績以不及格論。

（五）應檢人應詳閱試題，若有疑問應於測試開始前提出。俟監評長宣布「開始」口令後，應檢人才能開始檢定作業。

（六）第二站實作注意事項：

1. 監評長宣布依據辦理單位所提供之機具、設備及材料確認表清點，如有短少或損壞，立即請場地管理人員補充或更換；機具設備及工具表備註各該題組專用者（炸蝦網、蒸蛋盅、壽司簾、手卷架…等），置於公共器材區，由應檢人自行領取。檢定中損壞之機具、設備及材料經監評人員確認責任為應檢人後，由該應檢人於檢定結束後賠償之。

2. 應檢人針對該測試小題內容所列材料之種類、數量或重量不符，應於測試開始前，向監評人員反應，並經監評人員確認後，請術科辦理單位補足材料種類、數量或重量。

3. 應檢人取量切配之後，剩餘的食材，包含魚的頭尾骨等，皆需於測試結束前繳交於回收區，不得棄置於垃圾或廚餘桶，或未予處理。

4. 應檢人因操作不當致使材料損壞時，術科測試辦理單位不再提供應檢人材料。

5. 術科測試中應注意自己、鄰人及檢定場地之安全；在規定時間內提早完成者，應告知監評人員後，於原地靜候指令。檢定須在規定時間內完成，在監評長宣布「檢定截止」時，應請立即停止操作。

6. 應檢人於術科測試進行中，對術科測試採實作方式之試題及試場環境有疑義者，應即時當場提出，由監評人員予以記錄。

（七）測試結束離場時，除自備用品外，不得攜帶任何東西出場。

（八）本職類術科測試試題規定之操作、處理手法，僅供應檢人參加測試時，瞭解之共通基礎技能。

（九）本須知未盡事項，依技術士技能檢定及發證辦法、技術士技能檢定及試場規則等相關規定處理。

三　應檢人自備工（用）具及服裝規定

（一）白色廚師工作服，含上衣、圍裙、帽，如「應檢人服裝參考圖」；**未依規定穿著者，不得進場應試，術科測試成績以不及格論**。

（二）白色廚房紙巾 1 包（捲）以下。

（三）包裝飲用水 1~2 瓶（礦泉水、白開水）。

（四）衛生手套、口罩。衛生手套參考材質種類可為乳膠手套、矽膠手套、塑膠手套等，並應予以適當包裝以保潔淨衛生。

（五）可自備刀具，惟不可使用模型刀具。

（六）可攜帶計時器，但音量應不影響他人操作。

（七）黑（藍）色鋼筆或原子筆 1~2 支。

四 應檢人服裝參考圖

說明

一、帽子

1. 帽型：帽子需將頭髮及髮根完全包住；髮長未超過食指及中指夾起之長度者，可不附網；超過者則須附網。
2. 顏色：白色。

二、上衣

1. 衣型：廚師專用服裝（可戴顏色領巾）。
2. 顏色：白色（顏色滾邊、標誌可）。
3. 袖：長袖、短袖皆可。

三、圍裙

1. 型式不拘，全身圍裙、下半身圍裙皆可。
2. 顏色：白色。
3. 長度：過膝。

四、工作褲

1. 黑、深藍色系列、專業廚房工作褲，長度至踝關節。
2. 不得穿緊身褲、運動褲及牛仔褲。

五、鞋

1. 型式：廚師工作皮鞋（需全包）。
2. 顏色：黑色。
3. 材質：防滑。
4. 鞋內需著黑襪，襪子上緣需完全覆蓋腳踝。

備註：帽、衣、褲、圍裙等材質以棉或混紡為宜。

五 考場器具總匯

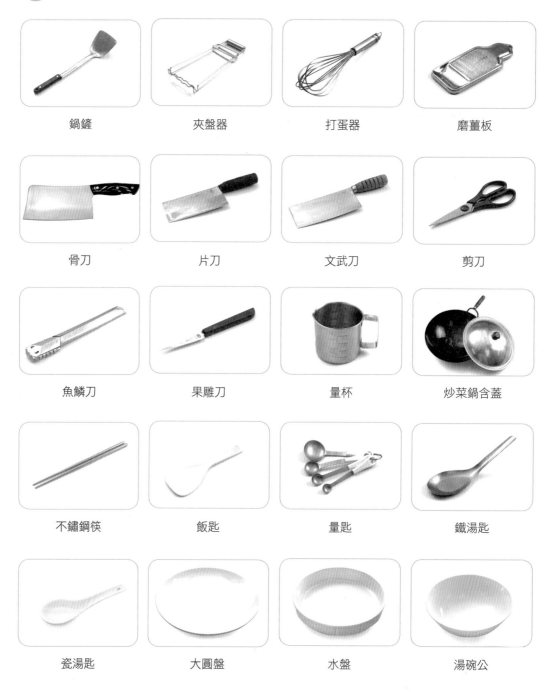

鍋鏟	夾盤器	打蛋器	磨薑板
骨刀	片刀	文武刀	剪刀
魚鱗刀	果雕刀	量杯	炒菜鍋含蓋
不鏽鋼筷	飯匙	量匙	鐵湯匙
瓷湯匙	大圓盤	水盤	湯碗公

磁扣碗	深盤	橢圓盤	小圓盤
小湯碗	味碟	蔬籮	配菜盤
馬口碗	鋼盆	湯鍋	廣口油桶
蒸籠鍋	炸蝦網	手卷架	壽司簾
蒸蛋盅	明火烤箱	白色正方毛巾	黃色正方抹布
白色長型毛巾	炒菜杓	漏杓	刨皮刀

長竹筷

牙籤

五格調味盒

酒精噴器

垃圾桶

廚餘桶

術科測試時間配當表

上午場時間	內　容	下午場時間
07：30~08：00	07:30~07:40／12:30~12:40 監評前協調會議（含監評檢查機具設備） 07:40／12:40 前上／下午場次應檢人應完成報到、更衣 07:40／12:40 綜合注意事項說明、試題抽籤 08:00／13:00 前到達第一站	12：30~13：00
08：00~08：20	第一站圖卡辨識線上測試（可免著帽子跟圍裙）	13：00~13：20
08：20~08：50	應檢人前往第二站應試，第二站場地說明，應檢人選材並盤點	13：20~13：50
08：50~10：10	應檢人依抽籤結果進行第二站實作第一階段前製備（含前處理、刀工、儲存）	13：50~15：10
10：10~10：30	監評評分	15：10~15：30
10：30~11：30	應檢人進行第二站實作第二階段烹調製備	15：30~16：30
11：30~11：50	第二站實作第二階段烹調製備成品評分（應檢人同步進行工作崗位清潔完成）	16：30~16：50
11：50~12：00	應檢人進行第二站實作第三階段善後處理（烹調製備成品評分完成後，應檢人統一進行碗盤清潔完成，方可離場）	16：50~17：00

七 術科測試流程圖

| 第一站圖卡辨識線上測試
20 分鐘 | 於第一站測試場地電腦進行圖卡辨識線上測試 |

↓

| 移動至第二站實作
場地、選材、盤點
30 分鐘 | 應檢人前往第二站應試，進行第二站場地說明，應檢人依抽題結果選材並盤點 |

↓

| 第二站實作
第一階段前製備
前處理、刀工、儲存
80 分鐘 | • 依抽題結果進行前處理、刀工、儲存後於工作崗位等待評分
• 廚餘需留置工作崗位檯面受評 |

↓

| 第二站實作
第一階段評分
20 分鐘 | 於工作崗位等待評分 |

↓

| 第二站實作
第二階段烹調製備
60 分鐘 | • 依試題規定進行烹調製備，完成後將成品、測試小題卡放置成品評分室之受評區
• 烹調製備完成後可進行工作崗位清潔 |

↓

| 第二站實作
第二階段烹調製備成品評分
20 分鐘 | • 應檢人同步進行工作崗位清潔完成
• 工作崗位清潔完成者，需於崗位等候評審完成，進行第三階段善後處理 |

↓

| 第二站實作
第三階段善後處理
10 分鐘 | 烹調製備成品評分完成，應檢人統一進行碗盤清潔，將成品盤清洗擦拭乾淨並歸位後，經工作人員清點數量無誤及監評評分後方可離場 |

↓

| 測試結束，應檢人離場 |

第二站實作場地、選材、盤點（30 分鐘）

一、依評審引導進行選材流程

❶ 計時 1 分鐘選材　　　❷ 搜尋三大主材料後，　　　❸ 於選材單上勾選正確
　　　　　　　　　　　　　清點其他副材料　　　　　　之菜籃編號

二、依評審引導進行食材與器具之盤點

第一階段前製備（80 分鐘）

一、器具清洗流程

清洗順序

瓷器→不鏽鋼器具→鍋具→烹調
用具（鍋鏟、炒菜杓、漏杓、量
匙、筷子）→刀具（噴酒精消毒）
→砧板（噴酒精消毒）→抹布
（噴酒精消毒）

二、清洗食材與刀工切配流程

乾貨→素食加工品→葷食加工品→蔬果類→豬肉類→雞鴨類→蛋→海鮮類

三、刀工示範（請參照第 45 頁到第 77 頁）

四、食材覆蓋、貼標籤與儲存

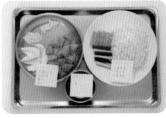

❶ 刀工評分後將食材封保鮮膜，或以保鮮盒裝盛後加蓋，以標籤紙寫上個人崗位編號、品名、入庫日期（必須含月、日）

❷ 將需入庫之食材端至冷藏區

❸ 打開與自己工作檯編號相同之冰箱門

❹ 將低汙染之食材（例如熟食手法處理之食材或乾貨、蔬菜水果）置於上層

❺ 汙染度較高之食材（例如蛋、肉、海鮮）放置在下層，以防交叉汙染

❻ 貯存原則示意圖

第一階段評分（20 分鐘）

<u>刀工評分後</u>之等待時間，可先進行高湯熬煮、食材醃漬、取用公共區域醬料、設定明火烤箱與取用公共器具

FOOD

Part 03

食物製備單一級技能檢定

術科測試評審標準
及評審表

評審標準

（一）依據「技術士技能檢定作業及試場規則」第 39 條第 2 項規定：「依規定須穿著制服之職類，未依規定穿著者，不得進場應試。」

    1. 服裝儀容正確與否，由監評人員評定；遇有爭議，由監評長邀集所有監評人員召開臨時會議討論並決議之。

    2. 相關規定請參考應檢人服裝參考圖。

（二）術科測試分第一站圖卡辨識線上測試、第二站實作。第一站圖卡辨識線上測試或第二站實作共通規定、各階段技術、衛生扣分達 41 分者為不及格，總成績以不及格計。第二站實作各階段操作分為技術、衛生評分，技術評分包含第一階段前製備（前處理、刀工）、第二階段烹調製備；衛生評分包含共通規定、第一階段前製備（前處理、儲存）、第二階段烹調製備、第三階段善後處理。

（三）第二站實作第一階段前製備－刀工評審場地，生鮮類在測試場內每一崗位之準清潔區、儲存區（冰箱）實施；不需復水之乾貨類在工作崗位準清潔區實施；剩餘材料在汙染區實施。

（四）第二站實作第二階段烹調製備－成品評審場地，在成品評分室內實施。

（五）監評人員應仔細觀察應檢人之每一動作，並依評審表相對應之扣分項目予以註記扣分，同一錯誤動作以同一階段最高扣分項目註記，不得重複扣分。

（六）其他未盡事宜，依技術士技能檢定作業及試場規則相關規定辦理。

二 技術監評評審表（一）第二站實作第一階段前製備（前處理、刀工）及第二階段烹調製備（過程）評審表

測試日期：＿＿年＿＿月＿＿日／地點：＿＿＿＿＿＿／場次：□上午 □下午／起訖時間：＿＿時＿＿分
至＿＿時＿＿分／監評人員簽名：技術 (1) ＿＿＿＿＿＿ 技術 (2) ＿＿＿＿＿＿ 技術 (3)＿＿＿＿＿

項目		監評內容 扣分	小題												
		應檢人姓名														
		崗位編號		1	2	3	4	5	6	7	8	9	10	11	12
第一階段前製備	前處理	1. 洗滌之工具使用不當（例如：未用菜瓜布或不鏽鋼刷）	10												
		2. 選材錯誤（考生自行領選材料，依選材單評審）	20												
		3. 工具使用不正確，器具擺放凌亂或置於地面（例如：以片刀剁骨頭）	20												
		4. 前處理期間進行烹調製備情事者（前製備期間不得開火，若試題另有規定，洗滌後與切割中可做烹調製備及加熱前處理者，從其規定）	20												
	刀工	5. 刀工成品之數量未達題意或材料重量之75%（可重複扣分，需註明材料名稱及缺失情形）	20												
		6. 刀工成品超過 25% 不合乎尺寸規定、尺寸凌亂不均（可重複扣分，需註明材料名稱及缺失情形）	20												

項目		監評內容 扣分 崗位編號	小題	應檢人姓名											
				1	2	3	4	5	6	7	8	9	10	11	12
第一階段前製備	刀工	7. 刀工去骨後，魚類殘留肉量 5% 以上；雞、鴨類殘留肉量 10% 以上	20												
		8. 砧板未止滑	20												
		9. 刀工不符題意者（例如：題目規定為絲，誤切成片）	41												
		10. 第一階段前製備時間內刀工未完成（檸檬盤飾除外）	41												
		扣分小計（最多扣 100 分）													
第二階段烹調製備	過程	1. 鍋具油鍋著火或油溫達冒煙點持續烹調	30												
		2. 烹調製備鍋具置放於砧板上	20												
		3. 烹調製備之成品內有異物者	20												
		4. 試題規定需加入高湯未加入者	41												
		5. 規定時間內未完成者	41												
		扣分小計（最多扣 50 分）													

說明：1. 本評審表適用於每場次 12 個崗位應檢人，監評人員應在開始評審前，確認正確之應檢人崗位編號、應檢人姓名、測試小題編號；缺考者於評審總表「總評結果」欄之適當□內，以打勾「✓」註記。

2. 依監評內容應予扣分者，請在該項方格內以「正」字劃記次數，並於各項小計扣分欄內填記各單項違反次數與扣分相乘之扣分總合分數。**扣分小計若超過上限，則以上限註記扣分分數。**

技術監評評審表（二）第二站實作第二階段烹調製備（成品）評審表

測試日期：___年___月___日／地點：_____／場次：□上午 □下午

監評人員簽名：技術 (1) _____ 技術 (2) _____ 技術 (3)_____

扣分項目代號 . 內容	扣分	扣分項目代號 . 內容	扣分
1. 成品未熟	41	5. 芡汁結塊、濃稠度不當	20
2. 成品燒焦、有鍋屑	41	6. 口感乾硬	20
3. 成品缺少主副材料或未依題意，或無商品價值	41	7. 成品調味過鹹、過淡或過於油膩	20
4. 外觀不佳（如：粗糙、破損、燒焦、凌亂不均、未上色、成品捲型鬆散或爆餡）	20	8. 其他（需載明缺失原因）	20

崗位編號 (A1~B12 小題編號)	1 （　　　）	2 （　　　）	3 （　　　）	4 （　　　）	5 （　　　）	6 （　　　）
應檢人姓名						
項目	品評紀錄	品評紀錄	品評紀錄	品評紀錄	品評紀錄	品評紀錄
第 1 道菜						
第 2 道菜						
第 3 道菜						
扣分小計（最多扣 50 分）						
崗位編號 (A1~B12 小題編號)	7 （　　　）	8 （　　　）	9 （　　　）	10 （　　　）	11 （　　　）	12 （　　　）
應檢人姓名						
項目	品評紀錄	品評紀錄	品評紀錄	品評紀錄	品評紀錄	品評紀錄
第 1 道菜						
第 2 道菜						
第 3 道菜						
扣分小計（最多扣 50 分）						

說明：

1. 本評審表依抽題結果填入各應檢人測試小題 (A1~B12)。監評人員應在開始評審前，確認正確之應檢人崗位編號、測試小題編號、應檢人姓名。

2. 第 1 道菜為測試小題第二階段烹調製備之編號 1. 之成品（例如：A1 小題之第 1 道菜為 1. 煎雞片），依此類推。

3. 依扣分項目代號、具體內容填入每道菜扣分情形。扣分小計若超過上限，則以上限註記扣分分數。

4. 記錄內容應詳實具體。

四 衛生監評評審表（一）扣分項目

階段	各階段扣分項目	扣分
共通規定	1. 以衣物拭汗或擦拭手部及物品者。	20
	2. 如廁時，未脫掉圍裙、廚帽者。	20
	3. 以非白色廚房用紙巾或以衛生紙、文件用紙墊底或使用者。（廚房用紙巾應不含螢光劑且有完整包覆或應置於清潔之承接物上，不可取出置於檯面待用）	20
	4. 汙染公共調味料區者。	20
	5. 手部有不可拆除之手鐲或戒指，且無全程穿戴衛生手套者。（衛生手套長度須覆蓋手鐲）	41
	6. 有戴手錶、化妝、佩戴飾物、蓄留指甲、塗抹指甲油等情事者。	41
	7. 手部有受傷且未經適當傷口包紮處理，且未全程配戴衛生手套者。	41
	8. 衛生手套先行取出待用，造成汙染。	41
	9. 衛生手套使用過程中，接觸他種物件，未更換手套再次接觸熟食者。	41
	10. 受測中有飲食（飲用水除外）、吸菸、喝酒、嚼檳榔口香糖、隨地吐痰等情形者。	41
	11. 受測時已有罹患上呼吸道感染疾病，但未配戴口罩或未覆蓋口鼻者。	41
	12. 打噴嚏或擤鼻涕時，未轉身並以紙巾、手帕、或上臂衣袖覆蓋口鼻，或轉身掩口鼻，再將手洗淨消毒者。	41
	13. 如廁後未洗手者。	41
	14. 未依規定使用長方形毛巾（擦拭瓷盤）、正方毛巾（擦拭刀具、不鏽鋼器具、砧板）、抹布（擦拭桌面、墊握）者。（墊握時毛巾太短或擦拭如咖哩汁等不易洗淨之醬汁時方得使用紙巾）	20
	15. 未穿戴整潔之工作衣帽（鞋），致有頭髮、頭屑及夾雜物落入食物之虞者（如長髮未束起包覆於廚帽內）。	41
	16. 其他未及備載之違反安全衛生事項者（監評應註明扣分原因）。	20
	扣分小計（最多扣 100 分）	

階段		各階段扣分項目	扣分
第一階段前製製備	前處理	1. 洗滌之工具使用不當（例如：未用菜瓜布或不鏽鋼刷）。	10
		2. 按切割流程但因漏切某類食材欲更正時，向監評人員報告後，處理後續補救步驟（應將刀、砧板洗淨拭乾消毒後始更正切割）。	15
		3. 食材未經驗收數量及品質者。	20
		4. 將非屬食物類或烹調製備用具、容器置於工作檯上者（例如：洗潔劑、衣物等，另酒精噴壺應置於熟食區層架）。	20
		5. 洗滌餐器具時，未依下列先後處理順序者：瓷碗盤→配料碗盤盆→鍋具→烹調製備用具（菜鏟、炒杓、大漏杓、調味匙、筷）→刀具→砧板→抹布。	20
		6. 食材內臟、鰓、鱗、蝦腸泥、毛、根、皮、尾、枯葉、其他異物等未徹底洗淨者（依未徹底洗淨部分累計扣 20 分）。	20
		7. 每一類食材切割後或全部切割完成後，未將砧板、刀及手徹底洗淨者。	20
		8. 將垃圾袋置於水槽內或食材洗滌後垃圾遺留在水槽內者。	20
		9. 洗滌各類食材時，地上遺有前一類之食材殘渣或多量水漬者。	20
		10. 洗滌妥當之食材，未分類置於盛物盤或容器內者。	20
		11. 食材洗滌後未徹底將手洗淨或消毒者。	20
		12. 切割妥當之食材未分類置於容器內者（汆燙熟後不同類同一道菜可併放）。	20
		13. 蛋之處理程序未依三段式手法處理。（洗滌好之蛋→用手持蛋→敲於乾淨馬口碗（可為裝蛋之容器）外緣→剝開蛋殼→將蛋液放入第二個馬口碗內→檢視蛋有無腐壞或異物→集中於第三個馬口碗內）	20
		14. 餐器具洗畢，未以有效殺菌方法消毒刀具、砧板及抹布者（例如：熱水沸煮、70~75% 酒精消毒）。	30
		15. 使用過砧板（刀），切割前未將該砧板（刀）再消毒處理者。	30
		16. 洗滌食材，未依下列先後處理順序者：乾貨（例如：香菇…）→加工食品類（素）→加工食品類（葷）→蔬果類（例如：蒜頭、生薑…）→牛羊豬肉→禽肉→蛋類→水產類。	30
		17. 食材有異味或鮮度不足之虞時，未發覺卻仍繼續烹調製備操作者（無法從外觀、觸摸、味道等辨識者除外）。	30
		18. 切割生食食材，未依下列先後順序處理者：乾貨（例如：香菇）→加工食品類（素）→加工食品類（葷）→蔬果類（例如：蒜頭、生薑…）→牛羊豬肉→禽肉→蛋類→水產類。	30
		19. 以鹽水洗滌海產類，致有腸炎弧菌滋生之虞者。	20
		20. 餐器具未徹底洗淨或擦拭餐器具有汙染情事者。	20
		21. 其他未及備載之違反安全衛生事項者（監評應註明扣分原因）。	20
		扣分小計（最多扣 50 分）	

階段		各階段扣分項目	扣分
第一階段前製備	儲存	1. 未依食材分類儲存在乾淨容器內。	20
		2. 冰箱內食材溢出及滲漏，未立刻清潔，致有交叉汙染其他食材之虞。	20
		3. 置入的食材未包覆完整或覆蓋，致有交叉汙染其他食材或食材風乾之虞。	41
		4. 冰箱儲存過於密集，致有阻礙氣流的暢通，導致溫度分布不均之虞。	20
		5. 蛋未經洗滌後使用，並未放入乾淨容器內，致與其他食材有交叉汙染之虞者。	20
		6. 儲存過程汙染或破壞他人材料者。	20
		7. 儲存過程未放置於指定位置，致使他人無法使用者。	20
		8. 儲存過程未標示品名與日期或標示不符者。	20
		9. 儲存過程未將規定食材全數儲存者。	20
		10. 未將冰箱內食材依汙染程度分層放置。（例如：即食／熟食儲存於海鮮、生的肉類及家禽之上方層架上）	41
		扣分小計（最多扣50分）	
第二階段烹調製備		1. 將砧板做為置物板或墊板用途，並有交互汙染之虞者。	10
		2. 烹調製備用具直接置於檯面未隔離。	10
		3. 烹調製備後欲直接食用之熟食置於未洗淨之生食盤者。（烹調製備後之熟食若要再烹調製備，可置於生食盤）	20
		4. 柴魚片（花）、海苔未減菌者。	20
		5. 蒸籠乾燒者（損壞者照價賠償）。	30
		6. 配製高水活性、高蛋白質或低酸性之潛在危險性食物(PHF, Potentially Hazardous Foods)的沾料且富含微生物營養源，未進行減菌處理者。	30
		7. 烹調製備用油達發煙點或著火，且發煙或燃燒情形持續進行者。	30
		8. 殺菁後之蔬果類，如供直接食用，欲加速冷卻時，未使用符合飲用水水質標準之冰水冷卻者。	30
		9. 未戴衛生手套處理熟食者。	30
		10. 切割生、熟食，刀具及砧板使用有交互汙染之虞者。	41
		11. 成品未有良好防護或區隔措施致遭汙染者（例如：交叉汙染）。	41
		12. 成品上盤後重疊放置。	41
		13. 成品含有異物、以烹調製備用具品嚐、食物掉落未處理或處理方式錯誤者。	41
		14. 配戴衛生手套操作熟食而觸摸其他生食或器物，或將用過之衛生手套任意放置而又重複使用者。	41
		15. 食物未全熟，有外熟內生情形或生熟食混合者（涼拌菜另依題組說明規定行之）。	41
		16. 未以托盤運送成品者。	10
		扣分小計（最多扣100分）	

階段		各階段扣分項目	扣分
第三階段善後處理		1. 評分後未將成品瓷盤洗淨者。	10
		2. 故意製造噪音者。	20
		3. 其他不符合食品安全衛生規定之事項者（監評人員應明確註明扣分原因）。	20
		4. 垃圾未攜至指定地點堆放者（例如：有垃圾分類規定，應依規定辦理）。	30
		5. 可利用之食材棄置於廚餘桶或垃圾筒者。	30
		6. 可回收利用之食材未分類放置者。	30
		7. 每進行有汙染之虞之下一個動作前，未將手洗淨，造成汙染食物之情事者。	30
		8. 工作結束後，未徹底將工作檯、水槽、爐檯、器具、設備及工作區之環境清理乾淨者。	30
		9. 瓦斯未關而漏氣，經一次糾正再犯者。	41
		10. 拖把、廚餘桶、垃圾桶置於清洗食物之水槽內清洗者。	41
		11. 善後處理工作完成後，未關閉工作崗位瓦斯總開關即離場者。	41
		扣分小計（最多扣 100 分）	

五 衛生監評評審表（二）紀錄

測試日期：＿＿年＿＿月＿＿日／地點：＿＿＿＿＿＿／場次：□上午 □下午／起訖時間：＿＿時＿＿分
至＿＿時＿＿分 ／監評人員簽名：技術 (1) ＿＿＿＿＿＿技術 (2) ＿＿＿＿＿＿ 技術 (3)＿＿＿＿

崗位編號	應檢人姓名	各階段扣分註記									
		共通規定扣分項目（最多扣 100 分）	扣分	第一階段前製備				第二階段烹調製備		第三階段善後處理	
				前處理扣分項目（最多扣 50 分）	扣分	儲存扣分項目（最多扣 50 分）	扣分	烹調製備扣分項目（最多扣 100 分）	扣分	善後處理扣分項目（最多扣 100 分）	扣分
（範例）		1、2	40	13、14	50	1、2	40	11、12、14	100	1	10
1											
2											
3											
4											
5											
6											
7											
8											
9											
10											
11											
12											

說明：

1. 扣分請依衛生監評評審表（一）扣分項目各階段序號註記於其對應之階段欄位中。

2. 應檢人於各階段操作時，若有扣分項目之情形，應確實註記，扣分小計若超過上限，則以上限 註記扣分分數。

3. 記錄內容應詳實具體。

 **評審總表**

測試日期：___年___月___日　　　　測試起訖時間：___時___分 至 ___時___分

術科測試編號		應檢人姓名	
崗位編號		試題編號	□ 401(A___)　□ 402(B___) 應檢人材料清點確認：_____
監評人員簽名	技術 (1) 技術 (2) 技術 (3) 衛生： （請勿於測試結束前先行簽名）	監評長簽名	（請勿於測試結束前先行簽名）

第一站　圖卡辨識線上測試				
項目	評分階段	內容	成績	結果
圖卡辨識線上測試				□及格 □不及格

第二站　實作				
項目	評分階段	內容	本階段扣分	結果
技術評分	第一階段前製備	前處理、刀工 （最多扣 100 分）		□及格 □不及格
	第二階段烹調製備	過程 （最多扣 50 分）	（合計：　　）	
		成品 （最多扣 50 分）		

項目	評分階段	內容	本階段扣分	結果
衛生評分	共通規定	共通規定 （最多扣 100 分）		□及格 □不及格
	第一階段前製備	前處理 （最多扣 50 分）	（合計：　　）	
		儲存 （最多扣 50 分）		
	第二階段烹調製備	烹調製備 （最多扣 100 分）		
	第三階段善後處理	善後處理 （最多扣 100 分）		

總評結果：□及格□不及格□缺考□扣考

1. 術科測試第一站（圖卡辨識線上測試）：得分 60 分（含）以上為及格，不及格者，總成績以不及格計。

2. 第二站實作各階段分為技術、衛生評分，技術評分包含第一階段前製備（前處理、刀工）、第二階段烹調製備（過程、成品扣分合計為該階段扣分）；衛生評分包含共通規定、第一階段前製備（前處理、儲存扣分合計為該階段扣分）、第二階段烹調製備、第三階段善後處理。

3. **第二站實作共通規定、各階段技術、衛生扣分達 41 分者為不及格，總成績以不及格計。**

4. 違規扣考者、缺考者，在「總評結果」欄之適當□內，以打勾註記之。

5. 請技術監評人員就評審結果，填入技術評分扣分欄內，並在監評人員簽名指定欄內簽上姓名及日期。

6. 請衛生監評人員就評審結果，轉入衛生評分扣分欄位，並在監評人員簽名指定欄內簽上姓名及日期。

7. 監評長核對各題扣分無誤確認結果後，請在「總評結果」欄之適當□內，以打勾表示之，並在監評長簽名指定欄內簽上姓名及日期。

8. 若誤植須塗改時，請塗改委員及監評長在塗改處簽名。

Part *04*

食物製備單一級技能檢定

術科測試試題說明及刀工示範

試題說明

（一）測試進行方式

1. 測試分兩站進行，第一站應於 20 分鐘內（含模擬練習 2 分鐘），以測試崗位電腦完成圖卡辨識線上測試（由題庫抽選 50 題，皆為單選題）。

2. 第一站完成後，應檢人於 30 分鐘內完成以下事項：移動至第二站測試場地，監評人員進行場地說明並發給選材單後，由監評人員叫號，每位應檢人依崗位編號順序持其(1.)測試小題卡、(2.)選材單至選材區，依序輪流選材，於選材單勾選符合其測試小題之材料編號並簽名繳交（自應檢人於選材區定位後監評長告知：「開始」後起算，每位應檢人應於 1 分鐘內填寫完成交給監評長，於監評長告知：「結束」時未繳交者，視同選材錯誤），其餘未輪到選材之應檢人同步進行器具盤點。

3. 經全部應檢人選材完畢，並經監評人員宣布選材結束後，應檢人將其材料取回至工作崗位清點完成後，於評審總表「應檢人材料清點確認」欄位簽名。

4. 若應檢人於測試小題每道菜所規定之主、副材料外，因料理手法需使用雞蛋者，得於材料清點時，向監評人員說明，並經監評人員同意後領取（必須說明何道菜及其手法，並由監評人員註記於評審總表「應檢人材料清點確認」欄位），前製備時間開始後不得領取。若應檢人領取之雞蛋未依註記之手法操作而浪費材料者，依成品短少之情形論處。

5. 第二站實作第一階段前製備，應檢人於 80 分鐘內完成（含前處理、刀工、儲存）後由監評人員評分，接續第二站實作第二階段烹調製備於 60 分鐘內完成後由監評人員進行評分（應檢人同時進行工作崗位清潔），於烹調製備成品評分完成後，應檢人統一於第二站實作第三階段善後處理之碗盤清潔後方可離場。

（二）材料使用說明

1. 離島或偏遠地區魚類請依試題優先選用吳郭魚、鱸魚、虱目魚，若前揭材料購買困難時，得以有帶魚鱗之魚種取代。

2. 供應廠商：應在臺灣有合法登記之營業許可者，至該附檢驗證明者，各術科測試辦理單位自應取得。

（三）棉質毛巾與抹布的使用：長白毛巾 1 條、白四方毛巾 2 條、黃色四方抹布 2 條。

1. 長白毛巾摺疊置放於清潔區之瓷盤上，用於擦拭瓷盤、消毒後之沙拉用器具，可重複使用，不得使用紙巾。

2. 白四方毛巾置於準清潔區工作檯之配菜盤上，用於器具、雙手之擦拭，不得使用紙巾。

3. 黃色四方抹布置放於披掛處或準清潔區，用於擦拭工作檯或鍋把。

（四）第二站實作第一階段前製備共同事項

1. 食材切配順序需依技術士技能檢定食物製備職類衛生評審表之規定。

2. 在進行器具及食材洗滌與刀工切割時不可開火，但遇難漲發（乾香菇）、番茄汆燙去皮，得於前處理之食材洗滌時煮水或起蒸鍋以處理之，處理妥當後應即熄火，不得作其他菜餚之加熱前處理。

3. 前製備之刀工，應檢人於刀工完成後將刀工成品置於準清潔區，請監評人員進行評審，受評後進行儲存；剩餘材料需留置汙染區檯面受評，剩餘材料受評後可先依辦理單位之分類回收規定處理。

4. 前製備之儲存，以配菜盤（或保鮮盒）分類盛裝，以符合安全衛生規範之順序覆蓋後，放入冷藏區或置於準清潔區受評，同類作品可置同一容器但需區分不可混合（青蔥、中薑、紅辣椒絲除外），入庫前需以標籤紙寫上個人崗位編號、品名、入庫日期（必須含月、日）。

5. 依試題規定需以骨頭熬製高湯者，於刀工操作完成並受評後，可先行熬製高湯（需任選使用副材料），並自行調配爐臺之使用及熬製時間。

6. 依試題規定需先醃製者，於刀工操作完成並受評後，方可醃製。

7. 依試題規定需以檸檬製作盤飾者，可於烹調製備階段以熟食手法切割。

（五）第二站實作第二階段烹調製備共同注意事項

1. 依試題規定進行烹調製備，完成後將成品、測試小題卡放置成品評分室之受評區；烹調製備完成後可進行工作崗位清潔。

2. 烹調製備過程可依各式料理之不同手法，以符合試題規定之方式操作。（例如：炸蝦裹粉之材料與作法可依各式料理常用方式製作）

3. 應檢人應注意操作安全，若有瓦斯漏氣未察覺或鍋子著火、油溫超過發煙點等情形影響安全者，經監評人員令其退場，應即退場。

4. 需操作蒸籠之試題，應避免內鍋空燒之情形，若有損壞機具設備者，應照價賠償。

5. 測試過程中，除試題操作之必要手法外，禁止製造不合理之噪音影響其他應檢人。

（六）第二站實作第三階段善後處理共同注意事項

1. 善後處理時，應檢人應將工作崗位及爐臺、地板、碗盤、器具徹底清潔擦拭並歸定位。

2. 廚餘、垃圾應依規定分類；水槽濾網需清潔乾淨不可積留殘渣。

3. 公共調味料區之辛香料、調味料用畢需歸位，不可置於工作崗位。

4. 成品盤等器具需清洗後擦拭乾淨並歸位，經工作人員清點數量無誤後方可離場。

5. 所有善後處理工作完成後，應確認關閉工作崗位瓦斯總開關後方可離場。

6. 應檢人自備工具及個人物品應於離場時一併攜回，遺留於檢定場遺失或毀損…等，其責任由應檢人自負。

二 題組總表

401 題組（主材料及菜名）

	全雞		高麗菜
A1	煎雞片 (P84)	燒雞腿 (P86)	鮮蝦手卷 (P88)

	全鴨		白麵
A2	煎鴨胸 (P94)	燒鴨腿 (P96)	蔬菜炒麵 (P98)

	豬五花	雞胸	馬鈴薯
A3	白灼五花片 (P104)	煎蔬菜雞肉餅 (P106)	涼拌馬鈴薯絲 (P108)

	虱目魚		杏鮑菇
A4	煎虱目魚肚 (P114)	煮虱目魚丸湯 (P116)	炒杏鮑菇 (P118)

	梅花豬	中卷	豆腐
A5	烤豬肉串 (P124)	燙中卷 (P126)	炸豆腐 (P128)

	帶殼蝦	米	馬鈴薯
A6	炸蝦 (P134)	海苔飯捲 (P136)	美乃滋 (P138) ／馬鈴薯沙拉 (P140)

402 題組（主材料及菜名）

	全雞		豆干
B7	燴雞胸片 (P146)	煎雞腿 (P148)	炒五彩豆干丁 (P150)

	全鴨		小黃瓜
B8	時蔬炒鴨柳 (P156)	香料水煮鴨腿 (P158)	醃漬小黃瓜 (P160)

	豬里肌	蝦	洋蔥
B9	炸豬排 (P166)	酸辣蝦湯 (P168)	涼拌洋蔥絲 (P170)

	鱸魚	高麗菜中卷	蛋
B10	炒彩椒鱸魚條 (P176)	海鮮蔬菜煎餅 (P178)	蒸蛋 (P180)

	豬排骨	中卷	四季豆
B11	蜜排骨 (P186)	炸中卷圈 (P188)	四季豆炒肉絲 (P190)

	吳郭魚	地瓜	米／雞蛋
B12	燒咖哩魚塊 (P196)	炸地瓜條 (P198)	蛋包飯 (P200)

三 材料總表

（一）題組編號：21800-106401（第 A1 小題至第 A6 小題應準備之材料，不良食材可要求更換）。

（二）詳細各小題應提供之材料，如有差異時，以各小題之試題內容應提供之材料為準。

名稱	規格描述	數量	備註	名稱	規格描述	數量	備註
全雞	1 公斤以上	1 隻		紅辣椒	30g 以上	3 根	每根 10g 以上
太空鴨	1.5kg 以上	1 隻		香菜	15g 以上		
帶骨雞胸肉	400g 以上			蒜頭	70g 以上		
梅花豬肉	150g 以上			檸檬	1 顆		
豬五花肉	300g 以上			白芝麻	50g 以上		
中卷	300g 以上	1 隻		白醋	適量		
虱目魚	600g 以上			米	200g 以上		
帶殼鮮蝦	20 尾／斤	12 隻	草蝦或白蝦	沙拉油	適量		
小黃瓜	80g 以上	2 條	食材長度 15cm 以上	美乃滋	100g 以上		以塑膠軟管尖嘴瓶盛裝
小黃瓜	80g 以上	1 條		香鬆	30g 以上		
杏鮑菇	300g 以上			海苔	長 18cm 寬 10cm ±2cm	6 片	
青江菜	60g 以上			海苔	長 18× 寬 20cm	2 片	
青椒、紅甜椒	60g 以上	各1/2 顆		乾香菇	30g 以上		
紅、黃甜椒	60g 以上	各1/2 顆		乾麵條	150g 以上		
高麗菜	200g 以上			盒裝板豆腐	400g 以上	1 盒	
白蘿蔔	100g 以上			細柴魚片（花）	60g 以上		
洋蔥	每顆 200g 以上	2.25 顆		魚鬆	50g 以上		

名稱	規格描述	數量	備註
紅蘿蔔	300g 以上		
紅蘿蔔	200g 以上	1 條	食材長度 15cm 以上
馬鈴薯	每顆 150g 以上	2 顆	
馬鈴薯	每顆 150g 以上	2 顆	長度需 8cm 以上
九層塔	30g 以上		
中薑	200g 以上		
芹菜	60g 以上		
青蔥	60g 以上		

名稱	規格描述	數量	備註
黃芥末	適量		
調味干瓢	50g 以上		
糖	適量		
雞蛋	7 顆（CAS 洗選蛋品）		
麵粉	適量		
鹽	適量		

（一）題組編號：21800-106402（第 B7 小題至第 B12 小題應準備之材料，不良食材可要求更換）。

（二）詳細各小題應提供之材料，如有差異時，以各小題之試題內容應提供之材料為準。

名稱	規格描述	數量	備註
太空鴨	1.5kg 以上	1 隻	
全雞	1 公斤以上	1 隻	
里肌肉	400g 以上		
培根	30g 以上	1 條	
排骨	300g 以上		軟骨排
中卷	400g 以上	2 隻	每隻 200g 以上
吳郭魚	600g 以上	1 尾	
帶殼鮮蝦	20 尾／斤以上	6 隻	草蝦或白蝦
蛤蜊	500g 以上		
鱸魚	600g 以上	1 尾	
毛豆	30g 以上		

名稱	規格描述	數量	備註
九層塔	30g 以上		
中薑	100g 以上		
月桂葉	2 片		
青蔥	120g 以上		
南薑	5g		
紅辣椒	每根 10g 以上	4 根	
香茅	2 根		
香菜	15g 以上		
迷迭香	1g 以上		
雙葉檸檬葉	2 片		
大豆干	每塊 150g 以上	2 塊	

名稱	規格描述	數量	備註
四季豆	200g 以上		
西芹	100g 以上	1 支	
青椒	60g 以上	1/2 顆	
紅、黃甜椒、青椒	60g 以上	各 1/2 顆	
紅蘋果	每顆 80g 以上	2 顆	
草菇	6 朵		
高麗菜	200g 以上		
鮮木耳	30g 以上		
檸檬	2 顆		
小番茄	6 顆		
小黃瓜	每條 80g 以上	2 條	
白山藥	60g 以上		
地瓜	300g 以上	1 顆	
洋蔥	每顆 200g 以上	3 顆	
紅番茄	80g 以上		
紅蘿蔔	200g 以上	1 條	
馬鈴薯	70g 以上		
豌豆仁	30g 以上		

名稱	規格描述	數量	備註
白米	200g 以上		
白芝麻	20g 以上		
白胡椒粒	3~5g		
美乃滋	100g 以上		
乾香菇	15g 以上		
細柴魚片（花）	每包 10g 以上		
魚板	60g 以上	3 包	
魚露	適量		
番茄醬	適量		
蜂蜜	適量		
綠海苔粉	3g 以上		
蒜頭	30g 以上		
酸辣醬	適量		
雞蛋	13 顆（CAS 洗選蛋品）		
麵包粉	100g~150g		
麵粉	適量		
乾昆布	10g 以上		

四 公共材料

基本調味料 （置於各崗位，量需足夠）			
名稱	規格描述	數量	備註
鹽	100g 以上	1	
白胡椒粉	瓶	1	
味精	100g 以上	1	
糖	100g 以上	1	
太白粉	100g 以上	1	
香油	瓶	1	
醬油	瓶	1	
沙拉油	瓶	1	

公共辛香料 （置於公共調味料區，量需足夠）			
名稱	規格描述	數量	備註
百里香	瓶	1	
迷迭香	瓶	1	
月桂葉	瓶	1	
花椒	瓶	1	
八角	瓶	1	
白胡椒粒	瓶	1	
黑胡椒粒	瓶	1	

公共調味料（置於公共調味料區，量需足夠）							
名稱	規格描述	數量	備註	名稱	規格描述	數量	備註
烤肉醬	瓶	1		麵包粉	600g 以上／包	1	
番茄醬	瓶	1		玉米粉	600g 以上／包	1	
牛排醬	瓶	1		泰式酸辣醬	瓶	1	
辣醬油	瓶	1		橄欖油	瓶	1	
辣椒醬	瓶	1		魚露	瓶	1	
烏醋	瓶	1		咖哩粉	包	1	
白醋	瓶	1		泡打粉	包	1	
豆瓣醬	瓶	1		地瓜粉	1 公斤以上／包	1	
蠔油	瓶	1		米酒	瓶	1	
蜂蜜	瓶	1		紅酒	瓶	1	
醬油膏	瓶	1		白酒	瓶	1	
味醂	瓶	1		清酒	瓶	1	
低筋麵粉	1 公斤以上／包	1		黃芥末	瓶	1	
中筋麵粉	1 公斤以上／包	1		冰開水	公升	2	或冷開水含冰塊

備註： 1. 辦理單位應隨時補充調味料之備用量，使應檢人可充分使用。

2. 辦理單位應另準備【雞蛋 12 顆】（需為 CAS 洗選蛋品）供應檢人向監評人員領用，需與公共調味料區有明顯區隔，並標示應檢人不可自取。

五 選材單

技術士技能檢定食物製備職類單一級術科測試 選材單		

技術士技能檢定食物製備職類單一級術科測試 選材單

測試日期： 年 月 日	術科測試編號：	崗位編號：

應檢人姓名：　　　　　　測試小題 ：□ 401(A___) □ 402(B___)

依抽題結果之測試小題卡，勾選符合之材料編號：

1	2	3	4	5	6	7	8	9	10	11	12

應檢人簽名：（未勾選、未簽名、填寫不清、逾時未完成選材者，視同選材錯誤）

（以下由監評人員填寫，應檢人請勿填寫）

評審選材結果：

□ 正確

□ 錯誤（ □未勾選 □未簽名 □填寫不清 □逾時未完成 □其他_____ ）

監評長簽名：_____ （請勿於測試結束前先行簽名）

六 食材辨識

（一）考試食材總匯

全雞

太空鴨

帶骨雞胸肉

梅花豬肉

豬五花肉

里肌肉

培根

排骨

中卷

虱目魚

吳郭魚

鱸魚

帶殼鮮蝦

蛤蜊

小黃瓜

杏鮑菇

青江菜

青椒

紅甜椒

黃甜椒

高麗菜	白蘿蔔	洋蔥	紅蘿蔔
馬鈴薯	九層塔	中薑	芹菜
青蔥	紅辣椒	香菜	蒜頭
檸檬	毛豆	四季豆	西芹
紅蘋果	草菇	鮮木耳	小番茄
白山藥	地瓜	紅番茄	豌豆仁

南薑	香茅	雙葉檸檬葉	白芝麻
白米	美乃滋	香鬆	海苔
乾香菇	乾麵條	盒裝板豆腐	細柴魚片（花）
魚鬆	調味干瓢	雞蛋	大豆干
魚板	綠海苔粉	乾昆布	

（二）考試菜餚調味料總匯

鹽

白胡椒粉

味精

糖

太白粉

香油

醬油

沙拉油

百里香

迷迭香

月桂葉

花椒

八角

白胡椒粒

黑胡椒粒

烤肉醬

番茄醬

牛排醬

辣醬油

辣椒醬

烏醋

白醋

豆瓣醬

蠔油

蜂蜜	醬油膏	味醂	低筋麵粉
中筋麵粉	麵包粉	玉米粉	泰式酸辣醬
橄欖油	魚露	咖哩粉	泡打粉
地瓜粉	米酒	紅酒	白酒
清酒	黃芥末	冰開水	

七 刀工示範

（一）刀工規範卡

規格	細絲	絲	條	片（菱形）	厚片	塊	丁（菱形）	丁片（指甲片）	粒	碎（末）
長	4~6	4~6	4~6	3~5	5 以上	2~4	0.6~1.0	0.8~1.2	0.3~0.6	0.3 以下
寬	0.2 以下	0.4 以下	0.5~1.2	1.3~2.5	5 以上	2~4	0.6~1.0	0.8~1.2	0.3~0.6	0.3 以下
高（厚）	0.2 以下	0.4 以下	0.5~1.2	0.4 以下	0.5~1	2~4	0.6~1.0	0.4 以下	0.3~0.6	0.3 以下

（單位：cm）

（二）各類食材刀工示範

乾貨

1. 香菇丁

❶ 修下香菇蒂頭　　❷ 切 0.8cm 條　　❸ 切成正方丁　　❹ 成品

2. 香菇絲

❶ 修下香菇蒂頭　　❷ 香菇片成 2 片　　❸ 切絲　　❹ 成品

3. 香菇碎／末

① 續香菇絲刀工　② 排好後切成末　③ 成品

加工食品類（素）

1. 豆腐塊

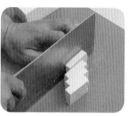

① 豆腐對切成 2 條　② 每條至少平均切 6 或 7 塊，合計 12 或 14 塊　③ 成品

2. 豆干丁

① 將豆干邊緣修齊　② 橫刀片成 2 大片　③ 切 1cm 寬條　④ 再成 1cm 正方丁

⑤ 成品

加工食品類（葷）

1. 魚板片

❶ 切 0.5cm 片，至少　❷ 成品
　　6 片

2. 培根丁

❶ 切 1 cm 條後對開　❷ 疊整起後切 1cm 丁　❸ 成品
　　　　　　　　　　　狀

蔬果類

1. 白蘿蔔泥

❶ 手戴衛生手套，將　❷ 成品
　　白蘿蔔在磨薑板上　　（取量至少 50 克以
　　來回研磨　　　　　　上）

2. 檸檬圓片

❶ 攔腰橫切 0.4~0.5 cm 圓片　❷ 成品

3. 檸檬半圓片

 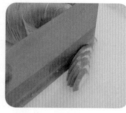 

❶ 修除檸檬蒂頭，由蒂頭至尾方向直切對開　❷ 切 0.4~0.5cm 半圓片　❸ 成品

4. 檸檬造型角

  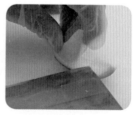 

❶ 修除檸檬蒂頭，由蒂頭至尾方向直切對開　❷ 半個檸檬扣穩砧板後一開三　❸ 以刀尖片開檸檬皮，深度 2/3，1/3 保留　❹ 從連結端往外斜劃一刀（長度 2/3）至檸檬皮尖端

❺ 將檸檬皮反折回夾在連接縫　❻ 成品

5. 檸檬取汁

❶ 檸檬攔腰對開

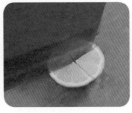

❷ 果肉上劃十字刀

❸ 以湯匙壓轉果肉取汁

6. 小番茄對切

❶ 由蒂頭至尾方向直切對開

❷ 成品

7. 草菇對切

❶ 由頭至尾方向直切對開

❷ 成品

8. 小黃瓜圓片

❶ 將小黃瓜直切成約0.3cm 厚圓片

❷ 成品

9. 小黃瓜長條（壽司用）

❶ 小黃瓜去蒂頭對開　❷ 兩瓣分別 1 開 4　❸ 修去果囊　❹ 成品

10. 小黃瓜條（手卷用）

❶ 將小黃瓜長條對開　❷ 成品

11. 小黃瓜切丁

❶ 將小黃瓜條切成正　❷ 成品
　　方丁

12. 小黃瓜切菱形片

❶ 小黃瓜去蒂頭 1 開 4　❷ 去除果囊　❸ 綠皮朝上斜切成菱　❹ 成品
　　　　　　　　　　　　　　　　　　　形片

13. 蔥段

❶ 將蔥依所需長度直切段（此範例為 2.5 cm）　❷ 成品

14. 蔥斜段

❶ 將蔥依所需長度斜切類似菱形　❷ 成品

15. 蔥花

❶ 將蔥直切 0.2~0.4 cm 蔥花　❷ 成品

16. 蔥切末

❶ 將蔥花切成末　❷ 成品

17. 蒜頭片

❶ 蒜頭剝膜後直切成　❷ 成品
　厚 0.3~0.4cm 片狀

18. 蒜頭切末

❶ 去蒂頭後切成梳子　❷ 橫切成刷子狀　❸ 切成末　❹ 成品
　狀

19. 薑切片

❶ 薑去皮後依外型直　❷ 成品
　切成厚 0.2cm 片狀

20. 薑切菱形片

 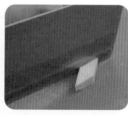  

❶ 修將去皮後的薑切　❷ 再切修成菱形塊　❸ 再切片　❹ 成品
　修成長方塊

21. 薑切末

❶ 薑片切成細絲　　❷ 薑絲切成薑末　　❸ 成品

22. 南薑片

❶ 南薑依外型切厚 0.2　❷ 成品
　cm 片狀

23. 香菜小段

❶ 將香菜切成小段　　❷ 成品

24. 香菜末

❶ 香菜直接細切成末　❷ 成品
　狀

25. 紅辣椒斜片

  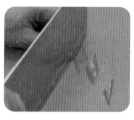 

❶ 辣椒去蒂頭後對開　❷ 去籽　　❸ 斜切成類菱形片狀　❹ 成品

26. 辣椒絲

❶ 辣椒對開去籽後取　❷ 切絲　　❸ 成品
　長條

27. 辣椒末

❶ 將辣椒絲切末　❷ 成品

28. 芹菜粒

❶ 將 芹 菜 切 0.3~0.5　❷ 成品
　cm 粒狀

29. 芹菜切末

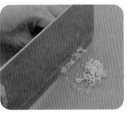  

① 將芹菜細切成芹菜　② 將細芹菜珠切成末　③ 成品
　　珠

30. 紅蘿蔔滾刀塊

① 紅蘿蔔對開後　　② 滾刀塊切成多邊形　③ 成品
　　　　　　　　　　　成塊狀

31. 紅蘿蔔條（手卷用）

① 修邊後切 0.8~1cm　② 將後片切成正方條　③ 切成 5~6cm 紅蘿蔔　④ 成品
　　厚片　　　　　　　　　狀　　　　　　　　　　段

32. 紅蘿蔔切丁

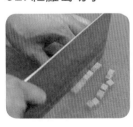 

① 將紅蘿蔔條切成正　② 成品
　　方丁

33. 紅蘿蔔切菱形片

❶ 將紅蘿蔔修邊成長方塊狀　❷ 修出有菱形切面之塊狀　❸ 切成 0.3~0.5cm 片狀　❹ 成品

34. 紅蘿蔔切絲

❶ 取約 6cm 紅蘿蔔段修一邊讓紅蘿蔔不會滾動　❷ 切 0.2cm 薄片　❸ 再切絲　❹ 成品

35. 紅蘿蔔末

❶ 將紅蘿蔔絲切末　❷ 成品

36. 洋蔥切丁

 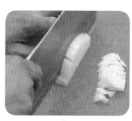 

❶ 洋蔥對開後切 1cm 梳狀條束（根莖端不切斷）　❷ 切成 1cm 寬之丁狀　❸ 成品

37. 洋蔥切正方片

❶ 取洋蔥約 2cm 厚片　❷ 切成正方片　❸ 成品

38. 洋蔥切三角片

❶ 將洋蔥對開剝下 2　❷ 依序移刀切完　❸ 成品
　　層三角斜切

39. 洋蔥切條

❶ 頭至尾方向直刀切　❷ 成品
　　1cm 條狀

40. 洋蔥切絲

❶ 洋蔥對開修除頭尾　❷ 刀鋒朝朝向洋蔥　❸ 成品
　　　　　　　　　　　心，由頭至尾方向
　　　　　　　　　　　切絲

41. 馬鈴薯切滾刀塊

❶ 馬鈴薯切成四等分 舟狀　❷ 滾刀切成多邊塊狀　❸ 成品

42. 馬鈴薯切丁

❶ 四個邊略修成塊狀 切 1cm 厚片　❷ 切 1cm 長方條　❸ 再切丁　❹ 成品

43. 馬鈴薯切絲

❶ 馬鈴薯從兩端切厚 度 0.4cm 以下之片 狀　❷ 馬鈴薯片排整齊後 切 0.4cm 以下之絲 狀　❸ 成品

44. 山藥切丁

❶ 修邊後切 0.8~1cm 厚片　❷ 切長方條　❸ 再切丁　❹ 成品

45. 高麗菜切丁

① 高麗菜切成 1cm 寬 　② 再切成丁片 　③ 成品
片

46. 高麗菜切絲

① 將高麗菜平壓於砧 　② 成品
板上切絲

47. 杏鮑菇切片

① 依外形取約 5cm 段 　② 切成 1cm 厚之長方 　③ 成品
片

48. 青椒切正方片

① 青椒修除內膜 　② 取 2cm 寬長片 　③ 切成正方片 　④ 成品

49. 青椒菱形片

❶ 青椒修除內膜　　❷ 取 2cm 寬長片　　❸ 切成菱形片　　❹ 成品

50. 紅甜椒切正方片

❶ 紅甜椒修除內膜　❷ 取 2cm 寬長片　　❸ 切成正方丁片　　❹ 成品

51. 紅甜椒切條

❶ 取 5~6cm 甜椒段，　❷ 再切 1cm 寬條　　❸ 成品
　以片刀法修除內膜
　使得厚薄一致

52. 黃甜椒絲

   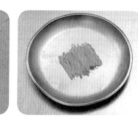

❶ 取 5~6cm 甜椒段，　❷ 片刀法片成 2 片　❸ 切成粗 0.4cm 之黃　❹ 成品
　以片刀法修除內膜　　　　　　　　　　　椒絲
　使得厚薄一致

53. 四季豆切斜片

❶ 方法一:直接切成斜片　❷ 方法二:一次 5 條排整齊,15 度斜刀片切　❸ 成品

54. 木耳切絲

 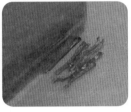 

❶ 木耳取 4~6cm 寬片　❷ 捲起後切 0.4cm 絲狀　❸ 成品

55. 青江菜切絲

❶ 青江菜分段切成 5~6cm　❷ 菜梗先切成 0.4cm 之絲狀　❸ 菜葉捲起切絲　❹ 成品

56. 地瓜切條

  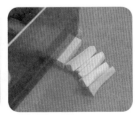 

❶ 地瓜取長 5~6cm 段　❷ 切 1cm 片　❸ 切成正方條　❹ 成品

57. 蘋果切條

 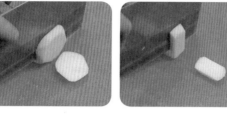  

❶ 將蘋果兩側修下厚 1cm 之圓片　❷ 再將果核剩餘之兩側切片　❸ 切正方條　❹ 成品

58. 蘋果切滾刀塊

❶ 蘋果對開後切三等分　❷ 修除果核　❸ 以滾刀法切塊　❹ 成品

59. 西芹切條

 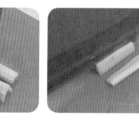 

❶ 西芹取 4~6cm 段　❷ 切成粗度 1cm 之條狀　❸ 成品

60. 番茄切舟片

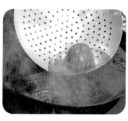   

❶ 番茄尾端畫十字刀，汆燙至皮肉分離，冰鎮後去皮　❷ 將番茄一開八　❸ 修除蒂頭與種子　❹ 成品

1. 梅花肉切塊 ★ 401-A5 烤豬肉串

① 將梅花豬肉切長條狀　② 再切成塊狀　③ 成品（150g 以上）

2. 里肌肉切肉排 ★ 402-B9 炸豬排

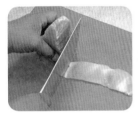   

① 切除里肌肉筋膜　② 再對切 2 片厚片狀　③ 肉槌拍打成薄片　④ 如有肉筋要切斷

⑤ 成品（300g 以上）

3. 里肌肉切粒 ★ 402-B12 蛋包飯

① 切成 0.4cm 薄片　② 後切成絲狀　③ 再切成粒狀　④ 成品（50g 以上）

4. 里肌肉切絲 ★ 402-B11 四季豆炒肉絲

❶ 切成 0.4cm 薄片　❷ 再切成絲狀　❸ 成品
（50g 以上）

5. 排骨剁塊 ★ 402-B11 蜜排骨

❶ 排骨剁成長塊　❷ 再剁成塊狀　❸ 成品
（300g 以上）

禽肉

1. 全雞分解 ★ 401-A1 煎雞片、燒雞腿

Ⓐ 雞胸肉片狀　Ⓑ 雞腿骨剁塊、三節　Ⓒ 雞骨架
PS：6 片　　翅切開

❶ 剪去 2 支雞腳　❷ 再切除三節翅骨架　❸ 找出雞腿排大骨連　❹ 再從腿大骨連接
接處　　處，切一刀取出 2
　　支雞腿

⑤ 再以刀尖胸肉與骨架劃刀，切取雞胸

⑥ 從雞胸骨架Ｖ形處劃刀取下

⑦ 用手拔出雞胸肉與骨架

⑧ 再用手拔除雞外皮

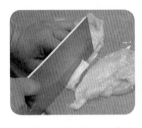
⑨ 切開雞胸肉成兩半，再切除中間軟骨

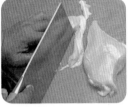
⑩ 切除脂肪油與血筋部位

⑪ 胸肉斜切厚片0.4cm狀

⑫ 雞柳切除內白筋後，斜切對半

⑬ 以尖骨刀劃刀，雞腿內面Ｌ型骨部位

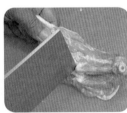
⑭ 用骨刀剁開Ｌ腿中間連接處剁開

⑮ 將雞腿中間骨反折，去除上骨頭

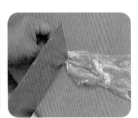
⑯ 再以背剁斷下骨部位

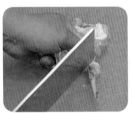

⑰ 反折雞腿骨

⑱ 切除腿骨

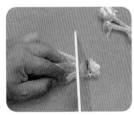
⑲ 再切除腳環韌骨部位

⑳ 雞骨架全剁數塊狀

2. 全雞分解 ★ 402-B7 燴雞胸片、煎雞腿

Ⓐ 雞胸肉片狀
（PS：小片狀）

Ⓑ 去骨雞腿排

Ⓒ 雞骨架塊

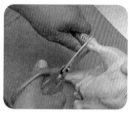

❶ 剪除雞腳

❷ 取出全雞 2 支三節翅

❸ 雞腿肉內側劃刀

❹ 找出雞腿大骨連接處，切下 2 支雞腿

❺ 用刀尖在雞胸骨排，劃刀取下兩邊雞胸肉

❻ 雞胸肉與脖子 V 形骨架劃刀

❼ 用手拔除雞胸肉與雞骨架分離

❽ 去除雞胸外皮

❾ 用手撕下兩條雞柳肉

❿ 切開雞胸對半，再切除中間雞軟骨

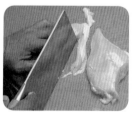

⓫ 切除脂肪油與血筋部位

⓬ 胸肉斜切厚片 0.4cm 狀

⑬ 再切除雞柳肉白筋　⑭ 雞柳斜切成 2 片　⑮ 三節翅切開小翅腿　⑯ 刀尖切除二節翅，翅尖部位

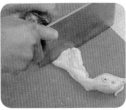

⑰ 帶骨雞腿剁成 4cm 塊狀　⑱ 反剁除雞脖子　⑲ 將雞骨架剁成數塊狀

3. 雞胸肉去骨、剁泥 ★ 401-A3 煎蔬菜雞肉餅

❶ 以刀尖劃開雞胸肉與骨架間　❷ 兩側劃開後再梯除 V 型骨肉　❸ 用手將雞胸肉與骨架，拔起拉開分離　❹ 撕除雞胸皮

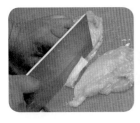
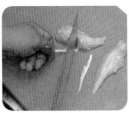

❺ 切除 2 塊雞胸肉，再切掉中間軟骨處　❻ 切除雞柳內白筋部位　❼ 切片條狀　❽ 再切丁小丁狀

❾ 將全部肉剁成泥　❿ 成品

4. 太空鴨分解 ★ 401-A2 煎鴨胸、燒鴨腿

Ⓐ 鴨胸肉

Ⓑ 鴨腿剁塊狀

Ⓒ 鴨骨塊

❶ 切除太空鴨翅腿部位 2 支

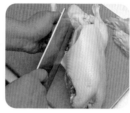
❷ 從鴨腿下方部位劃刀

❸ 用手反折找出腿大骨連接處

❹ 再切除 2 支鴨腿

❺ 用刀尖鴨胸部劃刀分開兩側

❻ 在 V 骨型位劃開胸肉

❼ 用手拔出鴨胸肉與骨架分離

❽ 取下兩側鴨胸肉，鴨皮的面積盡量比鴨胸大，烹調後鴨脾與鴨肉收縮，方能面積一致

❾ 取下鴨胸的 2 條鴨柳

❿ 鴨胸切除多餘脂肪後，切對半在鴨肉上切交叉格紋，間格 1cm 以下，深度約 0.5cm

⓫ 鴨腿骨剁開

⓬ 翅腿再剁成 4cm 塊狀

⑬ 鴨骨架切修多餘脂肪，避免熬煮的鴨骨高湯太油

⑭ 再將鴨骨架剁成塊

5. 太空鴨分解 ★ 402-B8 時蔬炒鴨柳、香料水煮鴨腿

Ⓐ 鴨胸肉切柳狀

Ⓑ 帶骨鴨腿

Ⓒ 鴨骨塊

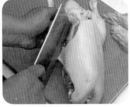

❶ 取下 2 支鴨翅腿

❷ 鴨腿骨內側割刀

❸ 切開鴨腿骨連接處

❹ 取下 2 支鴨腿

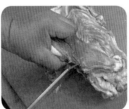

❺ 再以刀尖在鴨背骨劃刀，切下兩邊鴨胸肉

❻ 壓胸肉旁 V 型骨架處，骨與肉連接處用刀割開連接處

❼ 刀片壓住鴨胸肉，手抓住鴨骨架，拔起分離

❽ 鴨胸肉內取下兩條鴨柳

⑨ 劃刀取下鴨肉

⑩ 胸肉切對半，去除中間血筋及脂肪油

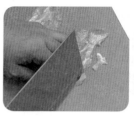
⑪ 將鴨胸修邊切齊

⑫ 切成等分對半

⑬ 再切成鴨柳狀

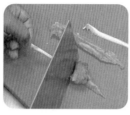
⑭ 兩條鴨柳去除白筋

⑮ 再切成對半

⑯ 鴨柳切整齊尺寸

⑰ 鴨骨架剁成塊狀

水產類

1. 鮮蝦前處理 ★ 401-A1 鮮蝦手卷

❶ 牙籤挑除蝦腸泥

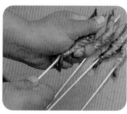
❷ 蝦肉身兩端，插入長竹叉定形

❸ 成品

2. 鮮蝦去殼、留尾殼、斷筋拉長 ★ 401-A6 炸蝦

① 鮮蝦去頭與去外　② 挑除蝦腸泥　　　③ 蝦腹部劃刀 1/3 深　④ 砧板上雙手指輕
　殼，留生蝦尾　　　　　　　　　　　　　度斷筋　　　　　　輕擠壓蝦身拉長

⑤ 成品

3. 中卷剞花刀，頭鬚直切段、鰭（尾翅）切梳子刀 ★ 401-A5 燙中卷

① 中卷內部肉，切割　② 再轉向交叉對切，　③ 切成 3 等分　　④ 再切整齊塊狀
　花刀、間格 0.5cm　　割花刀紋路
　以下，微斜刀 70 度
　角

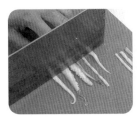 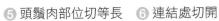   

⑤ 頭鬚肉部位切等長　⑥ 連結處切開　　⑦ 鰭部位修除硬膜　⑧ 鰭（尾翅）切梳
　　　　　　　　　　　　　　　　　　　　　　　　　　　　子刀

⑨ 切成對半片狀　　⑩ 成品

4. 中卷切圈 ★ 402-B11 炸中卷圈

 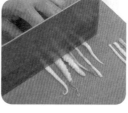  

❶ 中卷切成圈狀 6 個　❷ 頭鬚部切對等段　❸ 頭部切數段　❹ 翅脖尾片除硬骨
　　以上　　　　　　　　　　　　　　　　　　　　　　　　　　膜

❺ 切對等寬條狀　　❻ 成品

5. 中卷清肉切丁 ★ 402-B10 海鮮蔬菜煎餅

❶ 中卷肉切成條狀　❷ 再切成丁狀　❸ 成品

6. 虱目魚分解 ★ 402-A4 煎虱目魚肚、煮虱目魚丸湯

Ⓐ 虱目魚魚肚

Ⓑ 虱目魚泥

Ⓒ 虱目魚頭、魚骨、
　　魚皮

❶ 虱目魚刮去魚鱗片

❷ 以剪刀剪開下巴處

❸ 剪除魚鰓

❹ 以斜刀切除魚頭下
　兩面，取下魚頭

❺ 上肚身以斜刀片劃
　一刀至肛門處

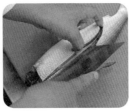

❻ 再翻另一面斜刀片
　劃刀

❼ 以刀尖處切入魚
　肚，斜片劃刀魚肉
　刺間劃開兩面魚肚
　肉

❽ 至肛門肚內處與
　背肉處，雙手剝
　取魚肚分開，取
　下魚肚

❾ 將魚肚內的內臟慢
　慢用手剝除掉

❿ 再撥開魚肚內殘留
　內臟及血塊，一一
　剔除血塊殘留物

⓫ 以刀尖斜刀，去除
　殘留魚刺及油脂

⓬ 魚背肉兩條，以
　斜刀片切條

 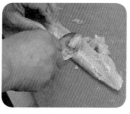  

⑬ 用鐵湯匙刮除魚中骨殘留魚肉

⑭ 再以鐵湯匙魚尾部，刮下兩條魚背肉

⑮ 需以順著魚刺方向刮取魚肉乾淨

⑯ 取下魚背碎肉及魚皮，用手塗抹檢查魚肉殘留魚刺去除

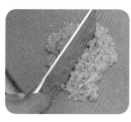 

⑰ 以剁刀剁成魚泥肉

⑱ 魚骨剁成數塊

7. 吳郭魚分解 ★ 402-B12 燒咖哩魚塊

Ⓐ 魚菲力切魚塊

Ⓑ 魚骨剁塊

❶ 從魚頭處斜切刀，兩面各劃一刀取下魚頭

❷ 在魚尾處兩面也劃一刀

❸ 從魚背處以刀尖在魚肉與骨間劃刀，翻面再劃一次

❹ 再從肚處肉與骨間劃開魚肉，翻面取下第二片

⑤ 以刀尖斜片刀，慢慢劃刀與骨間取下兩面魚肉

⑥ 魚肉取下，以刀尖片下腹部魚刺

⑦ 魚肉分切成兩大片魚菲力，取下側線軟刺

⑧ 魚肚部位切成斜刀魚片狀

⑨ 魚背肉斜刀，切成厚片數塊

⑩ 魚頭及魚骨剁下數塊

⑪ 魚骨以刀切成數塊

8. 鱸魚分解 ★ 402-B10 炒彩椒鱸魚條

Ⓐ 魚菲力切條狀

Ⓑ 魚骨塊

❶ 魚頭斜切兩面各一刀

❷ 再切魚尾部兩面各切一下

❸ 魚背肉以刀尖處劃刀魚肉與骨間

❹ 再以腹部處刀尖斜切割刀

⑤ 以刀尖取下兩面魚肉

⑥ 魚肉肚部斜刀片除魚刺排

⑦ 魚肉身切成等分魚菲力

⑧ 再切成同大小魚條狀

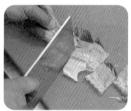

⑨ 骨刀剁下魚頭及魚骨

⑩ 魚骨剁成數塊狀

高湯熬製

1. 雞骨 ★ 401-A1 燒雞腿、402-B7 燴雞胸片

❶ 起水鍋將雞骨汆燙滾 30 秒

❷ 將汆燙過之雞骨架沖洗去除碎骨

❸ 雞骨與蔥、薑、洋蔥等調味蔬菜加水淹沒

❹ 加入雞骨燜煮 30 分鐘即可過濾備用

2. 鴨骨 ★ 401-A2 燒鴨腿 & 蔬菜炒麵、402-B8 時蔬炒鴨柳 & 香料水煮鴨腿

❶ 起水鍋將鴨骨汆燙滾 30 秒

❷ 將汆燙過之鴨骨架沖洗去除碎骨

❸ 雞骨與蔥、薑、洋蔥等調味蔬菜加水淹沒

❹ 加入鴨骨燜煮 30 分鐘即可過濾備用

3. 虱目魚、吳郭魚骨 ★ 401-A4 煮虱目魚丸湯、402-B12 燒咖哩魚塊

❶ 起水鍋將魚骨汆燙滾 20 秒

❷ 將汆燙過之魚骨稍微沖洗

❸ 魚骨與蔥、薑或洋蔥等調味蔬菜加水淹沒

❹ 燜煮 20 分鐘即可過濾備用

4. 柴魚、昆布、鱸魚骨及蛤蜊 ★ 402-B10 蒸蛋

❶ 起水鍋將魚骨汆燙滾 20 秒

❷ 將汆燙過之魚骨稍微沖洗

❸ 魚骨與蔥、薑等調味蔬菜加水淹沒

❹ 加入昆布與柴魚熬煮 20 分鐘，即可過濾備用

5. 蝦 ★ 402-B9 酸辣蝦湯

❶ 乾鍋將蝦殼炒至略焦有香味

❷ 加入洋蔥與 1 大湯碗水煮滾

❸ 加入蝦殼熬煮 10 分鐘以上，即可過濾備用

FOOD

Part 05

食物製備單一級
技能檢定

術科試題組合實作練習

❶ 煎雞片	❷ 燒雞腿	❸ 鮮蝦手卷

 測試題卡

題序	製備項目	主要刀工	烹調製備法	主材料	副材料組合	備註
1	全雞	全雞分解、修清雞胸肉，切片	煎	全雞 1 公斤以上	• 白芝麻 50g 以上 • 雞蛋 1 顆 • 麵粉適量	雞肉片需沾白芝麻；麵粉置於公共調味料區
2		雞腿剁塊、三節翅	燒		• 中薑 25g 以上 • 蒜頭 20g 以上 • 洋蔥 1/4 顆 50g 以上 • 紅蘿蔔 (1)1/2 條（100g 以上）	
3	蝦		燙	• 帶殼鮮蝦 6 隻（草蝦或白蝦，20 尾 / 斤以上） • 高麗菜 200g 以上	• 海苔 6 片（長 18cm 寬 10cm±2cm） • 小黃瓜 1 條（80g 以上，食材長度 15cm 以上） • 紅蘿蔔 (2)1/2 條（100g 以上，食材長度 15cm 以上） • 美乃滋 100g 以上 • 香鬆 30g 以上	以手卷架裝盛
	高麗菜	切絲	無			

 各階段操作說明

第一階段前製備				

前處理

1. 全雞：洗淨後去除內部雜物、雞羽毛。
2. 帶殼蝦：洗淨後去腸泥。
3. 高麗菜：洗淨去除不可使用部份。
4. 蛋：洗淨。
5. 中薑：洗淨去皮。
6. 蒜頭：洗淨去蒂頭、皮。
7. 洋蔥：洗淨後去頭、尾、皮。
8. 紅蘿蔔：洗淨去蒂頭、尾、皮。
9. 小黃瓜：洗淨去頭尾。

刀工

受評分刀工成品為雞肉、高麗菜、小黃瓜、紅蘿蔔 (1)(2)，刀工成品置於準清潔區受評後，進行儲存；剩餘材料需留置汙染區檯面受評，雞骨架可先熬製高湯備用。

材料	刀工規格	數量	備註
全雞	全雞分解，修清去皮雞胸肉，切片，可為不規則形的片或 (長) 方形片	6 片以上	雞肉不可殘留於骨頭超過 10%
	帶骨雞腿：切塊，不規則塊狀	8 塊以上	需全部剁完
	三節翅：翅小腿與雙節翅剁開	4 塊以上	
高麗菜	切細絲，依原料厚度	200g 以上	刀工完成品數量至少 需 75%(150g) 符合規格
小黃瓜	切條	6 條	
紅蘿蔔 (1)	切塊	6 塊以上	
紅蘿蔔 (2)	切條	6 條	

儲存

1. 雞片：需覆蓋低溫儲存。
2. 雞腿、雞翅：覆蓋低溫儲存。
3. 高麗菜絲、小黃瓜條、紅蘿蔔條：浸泡飲用水後，以符合衛生手法低溫儲存。
4. 其他生鮮、蔬果：需覆蓋低溫儲存。
5. 海苔、芝麻：置於工作檯上，覆蓋常溫儲存。

第二階段烹調製備	
＊請依上述規定材料與題意內容烹調製備，規定主副材料不得短少。	

1. 煎雞片	1. 以煎鍋進行油煎 2. 雞片先行醃漬。 3. 雞片二面需裹上白芝麻。 4. 雞片表面著色均勻不可焦黑，內部需全熟。 5. 成品不可破碎，表面白芝麻要附著均勻。 6. 調味規範：需調味，以公共調味料區之調味料自選合宜地使用。
2. 燒雞腿	1. 進行過油或煎上色後，以高湯燜燒入味，不得勾芡。 2. 外觀完整，不得破碎、表面不可燒焦。 3. 內部熟透，須全熟不可有血水。 4. 調味規範：需調味，以公共調味料區之調味料自選合宜地使用。
3. 鮮蝦手卷	1. 成品外型需為圓錐形，需製作6份並置放於手卷架上。 2. 鮮蝦燙熟、去殼與頭尾。 3. 所有食材需以海苔包捲。 4. 海苔片需先加熱烘烤，需有脆性且不可破裂，成品不可有潮濕或滴水現象。 5. 調味規範：必須含美乃滋、香鬆，合宜地使用公共調味料區之調味料。

第三階段善後處理

1. 所有剩餘材料配合辦理單位之分類回收規定處理。
2. 善後處理時，除工作崗位（包含檯面、鍋具、工具、地板清潔…等）之清潔整理需完成外，需將評分後之所有器具碗盤清潔與擦拭乾淨歸位並清點數量。

401-A1　煎雞片、燒雞腿、鮮蝦手卷

全雞

帶殼鮮蝦

高麗菜

白芝麻

雞蛋

麵粉

中薑

蒜頭

洋蔥

紅蘿蔔

海苔

小黃瓜

美乃滋

香鬆

受評刀工

不受評刀工

◎ 雞胸肉片、帶骨雞腿塊、三節翅塊／高麗菜絲／小黃瓜條／紅蘿蔔條、紅蘿蔔塊

◎ 中薑片／蒜片／洋蔥片／帶殼蝦（去腸泥上竹籤）

一、第一階段前製備（80 分鐘）

（一）器具清洗

　　1. 請依照 P14 器具清洗流程清洗器具。

　　2. 自公共材料區拿回手卷架 2 座、長竹籤 6 支或牙籤 12 支、標籤紙。

（二）清洗食材與刀工切配

　　請依 P15 食材與刀工切配流程完成食材清洗與刀工處理

（三）刀工評分後，覆蓋貼標籤入冷藏儲存

　　請依 P15 之流程，完成食材裝保鮮盒或覆蓋保鮮膜，並以標籤紙寫上個人崗位編號、品名、日期（必須含月、日）。

二、第一階段評分（20 分鐘）

　　刀工評分後之等待時間，可先進行高湯熬煮、食材醃漬、取用公共區域醬料與公共器具。

三、第二站實作─第二階段烹調製備（60 分鐘）

煎雞片

★★ 401-A1 ★★

 第一階段前製備

▶ 材料

全雞（取雞胸肉）、白芝麻 3/4 杯、雞蛋 1 顆、低筋麵粉 3/4 杯

▶ 調味料

鹽 1/2 小匙、醬油 2 小匙、胡椒粉 1/4 小匙、米酒 1 大匙、太白粉 1 大匙、水 1 大匙

雞胸肉片加調味料抓醃入味

雞肉片先拍上低筋麵粉

再沾裹蛋液

最後沾壓上白芝麻

按步驟❷～❹，雞片全部沾完

熱鍋滑油小火，並放入攤平雞片

煎至雞片周圍泛白 0.5cm 後翻面

雙面煎至金黃即可起鍋

瓷盤鋪上紙巾吸油後，即可盛盤

注意事項

1. 白芝麻的油脂與蛋白質含量高，故不易沾鍋，但點狀受熱面積集中，容易燒焦。

2. 因此熱鍋滑油，撐開鍋子表面毛細孔後，請將火力調整至如黃豆大小，保持溫熱，將白芝麻烘煎熟透即可。

3. 建議雞胸肉取下 2 片雞柳後，將兩片雞胸肉分別各斜刀切成 3 片（共 6 片）即可，以免切太多片增加沾黏芝麻與煎熟的作業時間。

4. 起鍋前務必自行剪開最厚的一片雞片，確認完全熟透，避免中心未熟，導致成品不及格。

燒雞腿

★★ 401-A1 ★★

 第一階段前製備

▶ 材料

全雞一隻（取雞腿、三節翅、雞骨）、中薑
25g、蒜頭 20g、洋蔥 1/4 顆、紅蘿蔔 1/2 條

▶ 調味料

(1) 醬油 1 大匙、胡椒 1/4 小匙、香油 1 小匙、
米酒 1 小匙

(2) 醬油 3 大匙、糖 1 大匙、米酒 1 大匙、
味醂 2 大匙

第二階段烹調製備流程

雞腿與雞翅塊以調味料 (1) 醃漬入味

加熱油鍋至 180℃，將紅蘿蔔滾刀塊炸至微焦，撈起備用

保持火力，將醃製好的雞肉塊下油鍋

雞肉塊炸至外表微焦上色，撈起瀝乾備用

換鍋，放入 1 大匙油加入洋蔥塊與薑、蒜片爆香

倒入過好油的雞肉塊，與紅蘿蔔炒香

倒入調味料 (2) 與雞骨高湯 2 杯煮滾

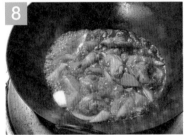
醬汁大滾後，轉小火燒煮 10 分鐘

煮至收汁與濃稠後，下 1 小匙香油拌合，即可起鍋

注意事項

1. 帶骨雞腿、雞翅塊亦可用「油炒法」至微焦上色，但過程中易燒焦與導熱不均勻，造成中心未熟，因此建議以「過油法」火候會較均勻且熟透。
2. 本道菜依規定需以高湯悶燒入味，若未使用雞高湯將扣 41 分。
3. 雞肉塊因帶骨，容易因切太大塊而在骨肉深處中心未熟，考生務必自行檢查確定熟透再起鍋，若鍋底已燒乾可再加高湯燒至熟透。
4. 考量本套菜有手卷，因此燒雞腿以日式照燒法完成，亦可以中式或其他菜系作法燒製完成，但不可勾芡。

鮮蝦手卷
★★ 401-A1 ★★

 第一階段前製備

▶ **材料**

海苔 6 片、香鬆 30g、美乃滋 100g、高麗菜 200g、小黃瓜 1 條、紅蘿蔔 1/4 條、草蝦 6 隻、竹籤 6 支

▶ **調味料**

米酒 1 大匙、鹽 1 小匙

1. 起水鍋加調味料,帶殼鮮蝦插好竹籤後燙熟

2. 冰鎮後戴手套抽除蝦仁的竹籤與剝殼,並以紙巾擦乾

3. 海苔片用平底鍋小火烘烤後,戴上手套將海苔剪一半備用

4. 戴熟食手套,將海苔片左邊斜45度鋪上高麗菜絲,上多下少

5. 擠上美乃滋

6. 依著斜角擺上紅蘿蔔、剝殼蝦、小黃瓜

7. 右手將將海苔由左下往右上錐狀捲起

8. 緊實捲起如甜筒狀

9. 六卷手卷置入手卷架上,再一起填入香鬆即可

注意事項

1. 一般是考場會提供 21×19cm 之壽司海苔,因此可對摺後剪開,乾鍋烘烤殺菌;或以瓷盤置於明火烤箱烘烤後,再進行手卷包捲。

2. 紅蘿蔔與小黃瓜條,泡冰開水減菌處理,最好勿超過 10 分鐘,以免卷曲變形。建議泡 10 分鐘後撈起瀝乾,以瓷盤裝盛封存冷藏備用。

3. 剝殼蝦建議以牙籤固定再汆燙冰鎮,以免捲曲不好包捲。

4. 高麗菜絲、蔬菜條與剝殼蝦,務必提早瀝乾,並且於最後階段再包手卷,以免食材內部與空氣中的水分造成海苔皮受潮或出水,外型扭捏不符合題意。

5. 香鬆因直接供餐不再加熱,因此若考場無提供瓷湯匙,不鏽鋼湯匙需以酒精消毒過後,方可用來攪拌。

❶ 煎鴨胸

❷ 燒鴨腿

❸ 蔬菜炒麵

 測試題卡

題序	製備項目	主要刀工	烹調製備法	主材料	副材料組合	備註
1	全鴨	鴨分解取鴨胸（菲力）	煎	太空鴨 1 隻 1.5kg 以上	・ 青蔥 20g 以上 ・ 中薑 25g 以上 ・ 洋蔥 (1)1/2 顆，100g 以上	
2		鴨分解取鴨腿	燒			
3	白麵、蔬菜	切絲	炒	乾麵條 150g 以上	・ 青江菜 60g 以上 ・ 紅蘿蔔 1/2 條，100g 以上 ・ 乾香菇 15g 以上 ・ 洋蔥 (2)1/2 顆，100g 以上	

各階段操作說明

第一階段前製備	
前處理	1. 全鴨：外表洗淨去除內部雜物、羽毛。 2. 青蔥：洗淨去鬚根頭、老葉。 3. 中薑：洗淨去皮。 4. 洋蔥：洗淨後去頭、尾、皮。 5. 青江菜：洗淨後去蒂頭及黃葉。 6. 紅蘿蔔：洗淨去蒂頭、尾、皮。 7. 乾香菇：泡水至軟去蒂。

刀工	受評分刀工成品為**鴨胸、鴨腿、青江菜、紅蘿蔔、香菇、洋蔥** (1)(2)，刀工成品置於準清潔區受評後，進行儲存；剩餘材料需留置汙染區檯面受評，鴨骨架可先熬製高湯備用。

材料	刀工規格	數量	備註
太空鴨	鴨分解，取鴨胸菲力，鴨皮需有交叉格紋刀工，間隔 1cm 以下	1 付（2 片）	鴨胸需完整不可破碎，鴨肉不可殘留於骨頭超過 10%
	取鴨腿切塊，不規則塊狀	6 塊以上	需全部剁完
青江菜	切絲，依食材厚度	切完	
紅蘿蔔	切絲	80g 以上	
香菇	切絲，依食材厚度、長度	切完	
洋蔥 (1)	切塊，依食材厚度，不規則塊狀	切完	
洋蔥 (2)	切絲，依食材厚度、長度	切完	

儲存	1. 鴨胸：需覆蓋低溫儲存。 2. 鴨腿：需覆蓋低溫儲存。 3. 青江菜：需覆蓋低溫儲存。 4. 紅蘿蔔：需覆蓋低溫儲存。 5. 香菇：需覆蓋低溫儲存。 6. 洋蔥：需覆蓋低溫儲存。 7. 其他生鮮、蔬果：需覆蓋低溫儲存。

第二階段烹調製備		

*請依題意及菜名烹調製備，規定主副材料不得短少。

1. 煎鴨胸	1. 鴨菲力需以副材料與自選公共調味料區之酒類及香料醃漬，煎熟切片 12 片以上。 2. 鴨胸表皮需煎上色不可焦黑。 3. 鴨內部均須全熟不可有血水。 4. 調味規範：需調味，以公共調味料區之調味料自選合宜地使用。
2. 燒鴨腿	1. 進行過油或煎上色後，以高湯燜燒入味，不得勾芡。 2. 外觀完整，不得破碎、表面不可燒焦。 3. 內部熟透，須全熟不可有血水。 4. 調味規範：需調味，以公共調味料區之調味料自選合宜地使用。
3. 蔬菜炒麵	1. 白麵條麵心需煮熟。 2. 將青江菜、紅蘿蔔、乾香菇、洋蔥與麵條加入高湯拌炒，麵條不可斷裂、成團，材料均需熟透。 3. 調味規範：需調味，以公共調味料區之調味料自選合宜地使用。

第三階段善後處理

1. 所有剩餘材料配合辦理單位之分類回收規定處理。
2. 善後處理時，除工作崗位（包含檯面、鍋具、工具、地板清潔…等）之清潔整理需完成外，需將評分後之所有器具碗盤清潔與擦拭乾淨歸位並清點數量。

材料篇

太空鴨

乾麵條

青蔥

中薑

洋蔥

青江菜

紅蘿蔔

乾香菇

刀工篇

受評刀工

◎ 鴨胸菲力、鴨腿塊／青江菜絲／紅蘿蔔絲／香菇絲／
　洋蔥塊、洋蔥絲

不受評刀工

◎ 中薑片／蔥斜段／乾麵條

一、第一階段前製備（80 分鐘）

（一）器具清洗

　　1. 請依照 P14 器具清洗流程清洗器具。

　　2. 自公共材料區拿回標籤紙。

（二）清洗食材與刀工切配

　　請依 P15 食材與刀工切配流程完成食材清洗與
　　刀工處理。

（三）刀工評分後，覆蓋貼標籤入冷藏儲存

　　請依 P15 之流程，完成食材裝保鮮盒或覆蓋保
　　鮮膜，並以標籤紙寫上個人崗位編號、品名、
　　日期（必須含月、日）。

二、第一階段評分（20 分鐘）

　　刀工評分後之等待時間，可先進行高湯熬煮、
　　食材醃漬、取用公共區域醬料與公共器具。

三、第二站實作—第二階段烹調製備（60 分鐘）

煎鴨胸
★★ 401-A2 ★★

 第一階段前製備

▶ 材料

太空鴨 1 隻（取鴨胸菲力 1 付）、蔥 5g、
中薑 5g、洋蔥 1/8 顆

▶ 調味料

鹽 1/2 小匙、黑胡椒 1/2 小匙、乾燥迷迭香
1/2 小匙、橄欖油 2 大匙、紅酒 2 大匙

鴨菲力以調味料、蔥段、薑片、洋蔥絲搓揉醃製

平底鍋加入 2 大匙油熱鍋後，鴨皮朝下放入，轉小火

鴨皮煎至捲曲上色，鴨胸肉周圍約 1cm 泛白即可翻面

肉面煎至上色微焦後起鍋

起鍋後靜置，讓肉汁均勻分布與滴落

將鴨胸切片

切片後排盤即可

401-A2

注意事項

1. 鴨菲力需以副材料與自選公共調味料區之酒類及香料醃漬。傳統上，鴨胸以紅酒醃漬，但現今各地區作法創新，亦可以醬油、清酒、味醂、蜂蜜、柳橙汁、香料、啤酒、白酒等材料醃漬，以便利取得與地方特色取才為主，可多元變化。

2. 鴨胸肉因極容易收縮，因此刀工取鴨菲力時，務必盡量保留鴨皮，建議超出肉塊邊緣 1cm 以上，以利煎熟後收縮之外觀剛好緊貼肉面，外觀會較好看。

3. 鴨胸肉在西餐領域視為紅肉，傳統上會利用「煎烤法」，表皮煎上色鎖住肉汁之後，烤至欲控制之熟度，一般為六分熟之粉紅色。但國家檢定基於衛生安全原則，則需煎至全熟，不可中心未熟或出血水，力求熟透。

4. 煎鴨胸時，亦可冷鍋，將鴨皮先朝下放入，用小火讓熱度慢慢滲入鴨肉，出油約 10 分鐘上色後翻面，再煎 10 分鐘後以鍋鏟略壓，無出血水後即是全熟。起鍋後必須靜置大約 10 分鐘，讓鴨胸內部肉汁均勻分布後，切開才不會造成肉汁橫流口感乾澀。

5. 以熟食手法切成（含）12 片以上。

燒鴨腿
★★ 401-A2 ★★

 第一階段前製備

▶ 材料

太空鴨 1 隻（取鴨腿、鴨骨架）、蔥 15g、
中薑 20g、洋蔥 1/2 顆

▶ 調味料

(1) 醬油 1 大匙、胡椒 1/4 小匙、香油 1 小匙、
　　米酒 1 小匙
(2) 醬油 3 大匙、米酒 1 大匙、糖 1 大匙、
　　胡椒粉 1/4 小匙

鴨腿塊以調味料 (1) 抓醃入味

加熱油鍋至 180℃，鴨腿塊過油

表皮略焦上色，撈起瀝油備用

另起鍋，倒入炒油 1 大匙，以薑片、蔥白段、洋蔥塊爆香

放入過好油之鴨腿塊翻炒

加入調味料 (2) 翻炒至香氣出來

401-A2

加入鴨骨高湯 3 杯煮滾

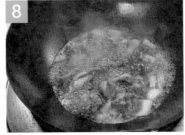

沸騰後悶煮 10 分鐘以上，保持有湯汁

收汁後，拌入蔥綠炒熟即可起鍋盛盤

注意事項

1. 本題依規定，須使用鴨骨高湯燜燒，若未加則扣 41 分。高湯量因需悶煮，需加至淹沒食材，並依實際火力狀況略作攪拌，切勿燒乾焦黑。因此，若太乾，可再適時補充高湯。

2. 本題依規定，須進行過油或煎上色後，以高湯燜燒入味，不得勾芡。因此醃漬鴨肉時，不應過度使用澱粉，以免長時間悶煮糊化醬汁，呈現勾芡狀不符提議。

3. 出餐前考生務必自行檢查較厚之肉塊是否有中心未熟或殘留血水，以免被扣衛生。

蔬菜炒麵

★★ 401-A2 ★★

 第一階段前製備

▶ 材料

乾麵條 150g、乾香菇 15g、青江菜 60g、紅蘿蔔 1/2 條、洋蔥 3/8 顆

▶ 調味料

醬油 1 大匙、鹽 1 小匙、糖 1 小匙、胡椒粉 1/3 小匙、烏醋 2 小匙、香油 2 小匙

第二階段烹調製備流程

起水鍋沸騰後加入麵條

麵條熟透後撈起瀝乾,拌入一大匙油

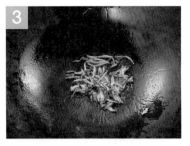

起新鍋,放入一大匙油煸香菇絲至金黃

加入炒洋蔥絲、紅蘿蔔絲炒軟

加入調味炒香再加入鴨高湯

加入麵條,中大火炒至快收汁

加入青江菜拌炒至熟透即可

注意事項

1. 白麵條的麵心需煮熟,故煮麵條時宜熱水下麵條,沸騰後分二至三次添加冷水降溫。待麵心無白點後撈起,拌入 1 大匙沙拉油,以利後續拌炒不沾黏。

2. 本題須加入高湯拌炒(未加扣 41 分),麵條不可斷裂、成團,故翻炒麵條時務必注意,勿將麵條切壓斷裂。

3. 麵條不宜炒到完全收汁再起鍋,應保留盤底一圈少許湯汁,以保留麵條濕潤。

❶ 白灼五花片

❷ 煎蔬菜雞肉餅

❸ 涼拌馬鈴薯絲

測試題卡

題序	製備項目	主要刀工	烹調製備法	主材料	副材料組合	備註
1	豬五花肉	切片	煮	豬五花肉 300g 以上	· 洋蔥 1/2 顆，100g 以上 · 青蔥 10g 以上 · 紅辣椒 1 根，10g 以上 · 香菜 (1)5g 以上 · 蒜頭 15g 以上	1. 煮熟後切片 2. 需附醬汁
2	帶骨雞胸肉	肉剁泥	煎	帶骨雞胸肉 400g 以上	· 中薑 25g 以上 · 乾香菇 15g 以上 · 紅蘿蔔 50g 以上 · 芹菜 30g 以上 · 雞蛋 1 顆	
3	馬鈴薯	切絲	汆燙	馬鈴薯 2 顆／每顆 150g 以上，長度需 8cm 以上	· 紅黃甜椒各 1/2 顆，60g 以上 · 香菜 (2)10g 以上	

各階段操作說明

第一階段前製備		
前處理	1. 豬五花肉：洗淨。 2. 帶骨雞胸肉：洗淨。 3. 馬鈴薯：洗淨後去皮。 4. 洋蔥：洗淨後去頭、尾、皮。 5. 青蔥：洗淨去鬚根頭、老葉。 6. 紅辣椒：洗淨去蒂。 7. 香菜：洗淨去根頭去枯葉。	8. 蒜頭：洗淨去蒂頭、皮。 9. 中薑：洗淨去皮。 10. 乾香菇：泡水至軟去蒂。 11. 紅蘿蔔：洗淨去蒂頭、尾、皮。 12. 芹菜：洗淨後去鬚根及葉子。 13. 雞蛋：洗淨。 14. 紅黃甜椒：洗淨剖開去籽蒂。

受評分刀工成品為**帶骨雞胸肉、馬鈴薯、紅辣椒、香菜(1)、蒜頭、乾香菇、紅蘿蔔、紅黃甜椒**，刀工成品置於準清潔區受評後，進行儲存；剩餘材料需留置汙染區檯面受評，雞骨架可先熬製高湯備用。

材料	刀工規格	數量	備註
帶骨雞胸肉	去骨去皮剁泥	剁完	雞肉不可殘留於骨頭超過 10%
馬鈴薯	切絲	切完	切絲長度 4cm 以下之部分，不得超過 25%
紅辣椒	切碎	切完	
香菜(1)	切碎	切完	
蒜頭	切碎	切完	
乾香菇	切碎	切完	
紅蘿蔔	切碎	切完	
紅甜椒、黃甜椒	去內膜切絲，依食材厚度	切完	

儲存	1. 豬五花肉：需覆蓋低溫儲存。 2. 雞胸肉：需覆蓋低溫儲存 3. 馬鈴薯：需覆蓋低溫儲存。 4. 乾香菇：需覆蓋低溫儲存。 5. 紅蘿蔔：需覆蓋低溫儲存。 6. 紅甜椒、黃甜椒：需覆蓋低溫儲存。 7. 其他生鮮、蔬果：需覆蓋低溫儲存。

	第二階段烹調製備

＊請依上述規定材料與題意內容烹調製備，規定主副材料不得短少。

1. 白灼五花片	1. 烹調過程以雞骨高湯烹煮並任選使用副材料，成品需全熟。 2. 煮熟後切片，厚度 0.3cm 以下，寬度 3cm 以上，需有 6 片以上。（刀工需受評） 3. 需任選使用副材料自行調製沾醬。 4. 調味規範：需調味，以公共調味料區之調味料自選合宜地使用。
2. 煎蔬菜雞肉餅	1. 需將雞肉泥與副材料組合後，做成 6 個圓狀餅，直徑 4~6cm，厚 1cm 以上圓狀餅，大小要一致。 2. 需全熟表面不可焦黑。 3. 每塊破碎不可超過 20% 以上。
3. 涼拌馬鈴薯絲	1. 馬鈴薯絲燙熟，不可帶生味，不可斷裂超過 10%。 2. 所有副材料均需燙熟（香菜需減菌）。 3. 成品需拌勻入味。 4. 需遵守衛生操作規定。

	第三階段善後處理

1. 所有剩餘材料配合辦理單位之分類回收規定處理。

2. 善後處理時，除工作崗位（包含檯面、鍋具、工具、地板清潔…等）之清潔整理需完成外，需將評分後之所有器具碗盤清潔與擦拭乾淨歸位並清點數量。

材料篇

豬五花肉

帶骨雞胸肉

馬鈴薯

洋蔥

青蔥

紅辣椒

香菜

蒜頭

中薑

乾香菇

紅蘿蔔

芹菜

雞蛋

紅甜椒

黃甜椒

刀工篇

受評刀工

不受評刀工

◎ 雞肉泥／馬鈴薯絲／紅辣椒碎／香菜碎／蒜頭碎／乾香菇碎／紅蘿蔔碎／紅、黃甜椒絲

◎ 中薑片／蔥段／細芹菜珠／洋蔥絲／薑末／豬五花肉

一、第一階段前製備（80 分鐘）

（一）器具清洗
　　1. 請依照 P14 器具清洗流程清洗器具。
　　2. 自公共材料區拿回標籤紙。

（二）清洗食材與刀工切配
　　請依 P15 食材與刀工切配流程完成食材清洗與刀工處理。

（三）刀工評分後，覆蓋貼標籤入冷藏儲存
　　請依 P15 之流程，完成食材裝保鮮盒或覆蓋保鮮膜，並以標籤紙寫上個人崗位編號、品名、日期（必須含月、日）。

二、第一階段評分（20 分鐘）
　　刀工評分後之等待時間，可先進行高湯熬煮、食材醃漬、取用公共區域醬料與公共器具。

三、第二站實作—第二階段烹調製備（60 分鐘）

白灼五花片

★★ 401-A3 ★★

 第一階段前製備

▶ 材料

洋蔥 1/2 顆、青蔥 10g、紅辣椒 1 根、香菜 5g、蒜頭 15g、豬五花肉 300g

▶ 調味料

(1) 米酒 2 大匙

(2) 醬油膏 2 大匙、冷開水 1 大匙、香油 1 小匙、烏醋 2 小匙

1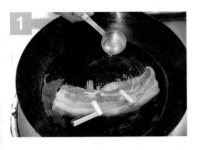

起水鍋，放五花肉入薑片、蔥段與調味料 (1)，冷水煮滾 10 分鐘泡 20 分鐘以上

2

用瓷碗將洋蔥絲泡冰開水 10 分鐘

3

調味料 (2) 加入香菜莖碎、洋蔥末、辣椒末、蒜末、蔥花調成沾醬

4

五花肉煮至以筷子插入無血水冒出即可

5

熟透之五花肉撈出以瓷碗冰鎮

6

將洋蔥絲瀝乾，鋪至瓷盤

7

將冰鎮後的五花肉以熟食手法修去豬皮

8

切薄片

9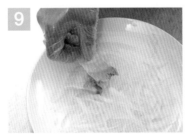

將切好之肉片整齊的鋪在洋蔥絲上

401-A3

10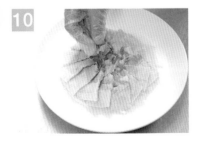

中間放上香菜碎，附上沾醬即可

注意事項

1. 水煮五花肉時，需依規定使用一種以上副材料，如蔥或洋蔥。
2. 本道五花肉刀工，是在第二階段煮熟後再進行熟食手法切割（須戴手套以白色砧板進行切割。切割前刀具砧板，可噴消毒酒精，以白色毛巾擦乾後進行切割）。
3. 五花肉豬皮之質地較有韌性，切片時易捲曲變形，但有特殊口感亦可保留不去除，若覺得不好掌控，可去皮後再切片，外型較工整。
4. 沾醬方面務必使用副材料自行調製。
5. 肉片須切厚度 0.3cm 以下、寬度 3cm 以上，且須達 6 片以上。
6. 調味料因直接供餐不再加熱，因此若考場無提供瓷湯匙，不鏽鋼湯匙需以酒精消毒過後，方可用來攪拌。

煎蔬菜雞肉餅

401-A3 ★★

 第一階段前製備

▶ 材料

乾香菇 15g、中薑 25g、紅蘿蔔 50g、芹菜 30g、帶骨雞胸肉 400g、雞蛋 1 顆

▶ 調味料

(1) 鹽 1 小匙
(2) 糖 1 小匙、胡椒粉 1/4 小匙、太白粉 2 大匙、香油 1 小匙、米酒 1 小匙

雞肉泥加入雞蛋與鹽，用力攪拌至有黏性

加入調味料 (2)、香菇末、芹菜末、薑末、紅蘿蔔碎

攪拌均勻後摔打出空氣，使肉餡質地紮實

將肉餡分為六等分放於配菜盤中

雙手抹油或沾水將肉餡團在手掌間丟甩整形

熱鍋滑油，於鍋中將肉糰壓平至直徑 6~7cm，厚 1cm

開小火，將肉餅周圍煎至泛白0.5cm，即可翻面

兩面煎至金黃熟透即可起鍋

肉餅靜置，不滴落肉汁後，即可盛盤

注意事項

1. 在剁雞肉泥時，可跟考場再借另一把片刀或剁刀；以雙刀捶剁，可剁得較細且快。

2. 肉泥加入蛋後，只需加鹽巴，可快速可將白色黏稠膠原蛋白打出，讓肉餡產生彈性。拌入調味料與副材料碎後，會增加空氣，因此需再摔打至少 30 下，肉餡質地才會更Q彈紮實。

3. 整型前，於雙手間丟甩整形，可讓肉餅表面更光滑黏著緊實不易碎裂。

4. 肉餡團整形後亦可全部在工作檯上壓扁，再一起入鍋煎上色。

5. 肉餅務必煎至全熟且不燒焦，出菜前務必自行檢查。

涼拌馬鈴薯絲
★★ 401-A3 ★★

 第一階段前製備

▶ 材料

馬鈴薯 2 顆、紅黃甜椒各 1/2 顆、香菜 10g

▶ 調味料

鹽 1/2 小匙、糖 1 大匙、白醋或檸檬汁 2 大匙、魚露或醬油 1 大匙

起水鍋汆燙馬鈴薯絲滾 30 秒

加入黃紅椒絲、香菜段，沸騰後滾 10 秒

撈起瀝乾，泡入裝有冰水之大瓷碗，冰鎮備用

將冰水瀝乾，放入所有調味料

攪拌均勻後即可裝盤

401-A3

注意事項

1. 馬鈴薯削皮後很容易氧化褐變，因此去皮後與切絲後，建議要泡水，如此可以漂洗掉表面的澱粉顆粒，讓成品外觀更加的舒爽不黏糊。

2. 所有絲狀刀工都要力求粗細一致，馬鈴薯絲若是過粗，中心容易未熟。

3. 本道菜可以用泰式酸辣或是中式糖醋味呈現。

4. 馬鈴薯絲刀工尺寸，規定切絲長度 4cm 以下之部分，不得超過 25%。因此在取切絲的片長時，要注意方向。

5. 本道菜是涼拌菜，所有副材料均需燙熟（香菜需減菌或燙熟），調理過程需遵守衛生操作規定。

6. 本道菜因直接供餐不再加熱，因此不鏽鋼筷需以酒精消毒過後，方可用來攪拌。

❶ 煎虱目魚肚	❷ 煮虱目魚丸湯	❸ 炒杏鮑菇

 測試題卡

題序	製備項目	主要刀工	烹調製備法	主材料	副材料組合	備註
1		取魚肚	煎		檸檬 1 顆	需附椒鹽
2	虱目魚	取魚背肉去皮及魚刺 剁魚泥	煮	虱目魚 600g 以上	・ 雞蛋 1 顆 ・ 青蔥 20g 以上 ・ 中薑 (1)50g 以上 ・ 紅蘿蔔 50g 以上 ・ 小黃瓜 40g 以上 ・ 芹菜 30g 以上	
3	杏鮑菇	厚片	炒	杏鮑菇 300g 以上	・ 蒜頭 20g 以上 ・ 紅辣椒 1 根 10g 以上 ・ 中薑 (2)50g 以上 ・ 九層塔 30g 以上	

第一階段前製備		
前處理	1. 虱目魚：洗淨（去鱗，去鰓，去內臟）。 2. 杏鮑菇：洗淨。 3. 檸檬：洗淨。 4. 雞蛋：洗淨。 5. 青蔥：洗淨去鬚根頭、老葉。 6. 中薑：洗淨去皮。	7. 紅蘿蔔：洗淨去蒂頭、尾、皮。 8. 小黃瓜：洗淨去頭尾。 9. 芹菜：洗淨後去鬚根及葉子。 10. 蒜頭：洗淨去蒂頭、皮。 11. 紅辣椒：洗淨去蒂。 12. 九層塔：洗淨去老梗、枯葉。

刀工	受評分刀工成品為魚肚、魚漿、杏鮑菇、檸檬、中薑(2)、紅蘿蔔、小黃瓜、芹菜、紅辣椒，刀工成品置於準清潔區受評後，進行儲存；剩餘材料需留置汙染區檯面受評，魚頭、魚骨架及魚皮可先熬製高湯備用。

<table>
<thead>
<tr><th>材料</th><th>刀工規格</th><th>數量</th><th>備註</th></tr>
</thead>
<tbody>
<tr><td>虱目魚</td><td>1. 取魚肚
2. 取魚背肉去皮及魚刺後剁成泥狀（剁完）</td><td>刀工成品應有魚肚 1 片及魚泥</td><td>魚頭及魚骨需保留受評，魚肉不可殘留於魚骨超過 5%</td></tr>
<tr><td>杏鮑菇</td><td>切厚片，依食材寬度，弧形邊可不修</td><td>切完</td><td></td></tr>
<tr><td>檸檬</td><td>切片</td><td>切完</td><td>盤飾用，亦可於烹調製備階段切割</td></tr>
<tr><td>中薑 (2)</td><td>切片</td><td>12 片以上</td><td>1. 需整齊
2. 中薑 (1) 不列入刀工評分</td></tr>
<tr><td>紅蘿蔔</td><td>切片</td><td>切完</td><td></td></tr>
<tr><td>小黃瓜</td><td>切片</td><td>切完</td><td></td></tr>
<tr><td>芹菜</td><td>切粒（珠）</td><td>切完</td><td></td></tr>
<tr><td>紅辣椒</td><td>切片</td><td>6 片以上</td><td>需整齊</td></tr>
</tbody>
</table>

儲存	1. 魚肚及魚漿：覆蓋低溫儲存。 2. 杏鮑菇：覆蓋低溫儲存。 3. 檸檬：覆蓋低溫儲存。 4. 中薑：覆蓋低溫儲存。 5. 紅蘿蔔：覆蓋低溫儲存。 6. 小黃瓜：覆蓋低溫儲存。 7. 芹菜：覆蓋低溫儲存。 8. 紅辣椒：覆蓋低溫儲存。 9. 其他生鮮、蔬果：需覆蓋低溫儲存。

第二階段烹調製備	
＊請依上述規定材料與題意內容烹調製備，規定主副材料不得短少。	

1. 煎虱目魚肚	1. 魚肉要全熟。 2. 成品需完整不可破碎鬆散、不可煎焦。 3. 需有檸檬片盤飾。 4. 調味規範：需附椒鹽與公共調味料區之調味料自選合宜地使用。
2. 煮虱目魚丸湯	1. 需以魚頭、魚骨及魚皮調製高湯。 2. 魚漿需全數用完，魚丸至少需有 6 顆以上，每顆大小需一致。 3. 魚丸需呈圓型，不可潰散軟爛、外熟內生。 4. 調味規範：需調味，以公共調味料區之調味料自選合宜地使用。
3. 炒杏鮑菇	1. 成品味道要適中不可太鹹。 2. 杏鮑菇口感需熟透，不可帶生味。 3. 炒後成品不可有太多湯汁，不可燒焦。 4. 調味規範：需調味，以公共調味料區之調味料自選合宜地使用。

第三階段善後處理

1. 所有剩餘材料配合辦理單位之分類回收規定處理。
2. 善後處理時，除工作崗位（包含檯面、鍋具、工具、地板清潔…等）之清潔整理需完成外，需將評分後之所有器具碗盤清潔與擦拭乾淨歸位並清點數量。

虱目魚

檸檬

雞蛋

杏鮑菇

青蔥

中薑

紅蘿蔔

小黃瓜

芹菜

蒜頭

紅辣椒

九層塔

 受評刀工

◎ 魚肚、魚漿／杏鮑菇片／檸檬片／中薑片／紅蘿蔔片／小黃瓜片／芹菜珠／紅辣椒片

不受評刀工

◎ 蔥斜段／蒜片／九層塔葉／中薑片

材料篇

刀工篇

一、第一階段前製備（80 分鐘）

（一）器具清洗

　　1. 請依照 P14 器具清洗流程清洗器具。

　　2. 自公共材料區拿回標籤紙。

（二）清洗食材與刀工切配

　　請依 P15 食材與刀工切配流程完成食材清洗與刀工處理。

（三）刀工評分後，覆蓋貼標籤入冷藏儲存

　　請依 P15 之流程，完成食材裝保鮮盒或覆蓋保鮮膜，並以標籤紙寫上個人崗位編號、品名、日期（必須含月、日）。

二、第一階段評分（20 分鐘）

　　刀工評分後之等待時間，可先進行高湯熬煮、食材醃漬、取用公共區域醬料與公共器具。

三、第二站實作──第二階段烹調製備（60 分鐘）

113

煎虱目魚肚

 第一階段前製備

▶ 材料

虱目魚肚 1 片、檸檬 1 顆

▶ 調味料

(1) 鹽 1 小匙
(2) 鹽 1/2 小匙、胡椒 1 小匙

第二階段烹調製備流程

1. 魚肚瀝乾水分，魚肚兩面抹上調味料 (1)

2. 煎鍋開火熱鍋 10 秒鐘後入油潤鍋，也 10 秒鐘魚皮朝下開小火入煎

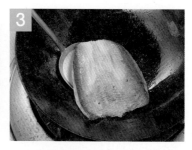

3. 攪拌均勻後摔打出空氣，使肉餡質地紮實

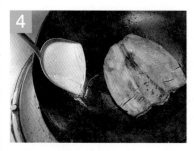

4. 如油太少即可再加入少許油煎至微焦黃色熟透即可

5. 盛盤魚皮朝上，檸檬片盤飾及附上椒鹽碟

6. 取調味料 (2) 調成椒鹽入小碟

401-A4

注意事項

1. 抹調味料前，需在魚肚以手觸摸檢查是否魚刺殘留，如有必須拔除。

2. 煎虱目魚肚必須先開火中火熱鍋，後入油再熱鍋潤油，熱度適中再下避免沾鍋。

3. 魚肚可先用餐巾紙擦拭，使兩面水分吸乾再塗抹鹽，比較不會引起黏鍋及油爆。

4. 檸檬在清洗後，需以開水沖洗過，再以熟食手法切割，刀工完成後需加保鮮膜覆蓋並入庫，以免遭到汙染。

5. 椒鹽因直接供餐不再加熱，因此若考場無提供瓷湯匙，不鏽鋼湯匙需以酒精消毒過後，方可用來攪拌。

煮虱目魚丸湯

★★ 401-A4 ★★

 第一階段前製備

材料

虱目魚肉泥 1 尾、青蔥 20 克、中薑 50 克、紅蘿蔔 50 克、小黃瓜 40 克、芹菜 30 克、蛋白液 1 粒、魚高湯 1000c.c.、雞蛋 1 顆

調味料

(1) 鹽 1/2 小匙、米酒 1 小匙、糖 1 小匙、胡椒粉 1/4 小匙

(2) 太白粉 2 小匙

(3) 鹽 2 小匙、香油 1/2 小匙、米酒 1 大匙、胡椒粉 1/4 小匙

1. 取鋼盆放入虱目魚泥後入調味料 (1) 及蛋白攪拌後摔打至黏性魚漿

2. 再加入調味料 (2) 攪拌再摔打約 10 下 Q 黏

3. 鍋中放入過濾魚高湯 1000 c.c.，開小火煮滾

4. 摔打魚漿用手虎口處擠出丸狀適量入魚高湯鍋裡

5. 鍋中小火煮滾魚丸熟透

6. 再放入副材料、紅蘿蔔片與薑片煮滾

7. 後入調味料 (3) 及小黃瓜片及芹菜珠微煮

8. 魚丸熟透調好味道，盛入湯碗中

401-A4

注意事項

1. 魚漿調理時，蛋白宜適量不可加太多，以免魚漿太濕不好成形。

2. 魚漿加入太白粉可吸收多餘水分與增加黏性，摔打次數要夠，口感才會比較 Q 彈。

3. 烹煮時宜採用不銹鋼湯鍋，煮滾時要小火，以免湯汁混濁。

炒杏鮑菇

★★ 401-A4 ★★

 第一階段前製備

▶ 材料

杏鮑菇 300 克以上、蒜頭 20 克、紅辣椒 1
支、中薑 50 克、九層塔 30 克

▶ 調味料

(1) 醬油膏 1 大匙、醬油 1 大匙、糖 1 小匙、
    米酒 1 小匙、水 1/3 杯

(2) 太白粉水 1 小匙

(3) 香油 1/2 小匙

開小火,鍋中入 1 大匙油,爆香蒜片及辣椒片

再入杏鮑菇片,拌炒幾下微有香氣

入調味料 (1),拌炒均勻

杏鮑菇微悶煮一下熟透,再入調味料 (2) 勾芡均勻

放入洗淨九層塔及調味料 (3) 拌炒

拌炒均勻熟透,即可盛盤

401-A4

注意事項

1. 此杏鮑菇可不用入鍋汆燙,較有鍋氣及杏鮑菇香氣。

2. 杏鮑菇菇頭弧形可直切片,不用修除,避免浪費耗損食材。

401-A5

❶ 烤豬肉串	❷ 燙中卷	❸ 炸豆腐

 測試題卡

題序	製備項目	主要刀工	烹調製備法	主材料	副材料組合	備註
1	梅花豬肉	切塊	烤	梅花豬肉 150g 以上	• 青椒、紅甜椒各 1/2 顆 60g 以上 • 洋蔥 1/2 顆 100g 以上	
2	中卷	切花刀	燙	中卷 1 隻 300g 以上	• 青蔥 10g 以上 • 中薑 25g 以上 • 蒜頭 15g 以上 • 紅辣椒 1 根 10g 以上	需附自製醬汁
3	豆腐	切塊	炸	盒裝板豆腐 1 盒，400g 以上	• 細柴魚片（花）60g 以上 • 雞蛋 2 顆 • 麵粉適量	

各階段操作說明

第一階段前製備	
前處理	1. 梅花豬肉：洗淨。 2. 中卷：由背部剖開，去除眼珠、腸泥、表層膜後洗淨。 3. 豆腐：洗淨。 4. 青椒、紅甜椒：洗淨剖開去籽蒂。 5. 洋蔥：洗淨後去頭、尾、皮。 6. 青蔥：洗淨去鬚根頭、老葉。 7. 中薑：洗淨去皮。 8. 蒜頭：洗淨去蒂頭、皮。 9. 紅辣椒：洗淨去蒂。 10. 雞蛋：洗淨。

刀工

受評分刀工成品為**梅花豬肉**、**青椒**、**紅甜椒**、**洋蔥**、**中卷**、**青蔥**、**中薑**、**蒜頭**、**豆腐**，刀工成品置於準清潔區受評後，進行儲存；剩餘材料需留置汙染區檯面受評。。

材料	刀工規格	數量	備註
梅花豬肉	切塊	12 塊	需調味後，串成4串，一串3塊
青椒	切片，依食材厚度	12 片	與豬肉塊交錯串起
紅甜椒	切片，依食材厚度	12 片	
洋蔥	切片，依食材厚度	12 片	
中卷	切剞花刀，間隔 0.6cm 以下，頭鬚直切 6 段、鰭（尾翅）切梳	至少切 12 片以上	
青蔥、中薑、蒜頭	切碎	切完	
豆腐	切塊	切 12 塊以上，大小需一致	

儲存	1. 豬肉塊：需覆蓋低溫儲存。 2. 青椒：需覆蓋低溫儲存。 3. 紅甜椒：需覆蓋低溫儲存。 4. 洋蔥：需覆蓋低溫儲存。 5. 中卷：需覆蓋低溫儲存。 6. 青蔥、中薑、蒜頭：需覆蓋低溫儲存。 7. 豆腐：需低溫儲存。 8. 其他生鮮、蔬果：需覆蓋低溫儲存。

第二階段烹調製備	

*請依上述規定材料與題意內容烹調製備，規定主副材料不得短少。

1. 烤豬肉串	1. 肉串需用烤爐以烤的方式熟成，不可先煎後烤。 2. 豬肉需全熟不可焦黑。 3. 調味規範：需調味，以公共調味料區之調味料自選合宜地使用。
2. 燙中卷	1. 需燙熟。 2. 調味規範：需自選公共調味料區之調味料搭配副材料，調製或烹製成一種醬汁。
3. 炸豆腐	1. 需沾上粉、蛋液、柴魚片（花）後油炸。 2. 成品外表需酥脆不可破損，外部不可軟化含油。 3. 調味規範：需附一種沾醬，以公共調味料區之調味料自選合宜地使用。

第三階段善後處理	

1. 所有剩餘材料配合辦理單位之分類回收規定處理。
2. 善後處理時，除工作崗位（包含檯面、鍋具、工具、地板清潔…等）之清潔整理需完成外，需將評分後之所有器具碗盤清潔與擦拭乾淨歸位並清點數量。

梅花豬肉

中卷

盒裝板豆腐

青椒

紅甜椒

材料篇

洋蔥

青蔥

中薑

蒜頭

紅辣椒

細柴魚片（花）

雞蛋

麵粉

受評刀工

不受評刀工

刀工篇

◎ 梅花豬肉塊／青椒片／紅甜椒片／洋蔥片／中卷剞花刀、頭鬚段、鰭梳子刀／青蔥碎／中薑碎／蒜頭碎／豆腐塊

◎ 辣椒碎

一、第一階段前製備（80分鐘）

（一）器具清洗

　　1. 請依照 P14 器具清洗流程清洗器具。

　　2. 自公共材料區拿回長竹籤或鐵製烤肉叉 6
　　　支、鋁箔紙、標籤紙。

（二）清洗食材與刀工切配

　　請依 P15 食材與刀工切配流程完成食材清洗與
　　刀工處理。

（三）刀工評分後，覆蓋貼標籤入冷藏儲存

　　請依 P15 之流程，完成食材裝保鮮盒或覆蓋保
　　鮮膜，並以標籤紙寫上個人崗位編號、品名、
　　日期（必須含月、日）。

二、第一階段評分（20分鐘）

　　刀工評分後之等待時間，可先進行高湯熬煮、
　　食材醃漬、取用公共區域醬料與公共器具。

三、第二站實作—第二階段烹調製備（60分鐘）

烤豬肉串
★★ 401-A5 ★★

▶ 材料

梅花豬肉 150 克以上、青椒 1/2 顆、紅甜椒 1/2 顆、洋蔥 1/2 顆

▶ 調味料

(1) 鹽 1/2 小匙、胡椒粉 1/2 小匙、米酒 1 小匙

(2) 蜂蜜 /2 大匙、烤肉醬 1 大匙

1

豬肉塊入調理盆與調味料(1)
攪拌抓麻醃製均勻

2

取叉子按順序食材串起,洋蔥
片、青椒片、紅甜椒片及醃製
好的肉塊

3

依序排列蔬菜片及肉塊片,整
齊串起

4

每支叉子串好 3 塊等分量,共
需 4 串分量入盤

5

需翻面烤至兩面肉串全熟透再
刷上調味料(2)微烤數秒即可

401-A5

---

1. 肉塊分量須大小一致,青椒、黃椒、洋蔥也須和肉塊成對 12 片以上。

2. 烤肉串時火候不可太大,避免食材外部燒焦裡面未熟成。

3. 肉串需全部熟成才可以刷上烤肉醬數秒鐘,才不易焦黑,若食材邊有微焦黑,成品煎需剪掉盛
   盤。

4. 肉塊中心處易未熟,務必自行剪開肉塊,確定全熟後才可出菜。

燙中卷
★★ 401-A5 ★★

 第一階段前製備

▶ 材料

中卷 1 隻 300 以上、青蔥 10 克、中薑 25 克、
蒜頭 15 克、紅辣椒 1 根

▶ 調味料

(1) 米酒 1 小匙
(2) 醬油膏 1 大匙、番茄醬 2 大匙、糖 2 小匙、
　　烏醋 1 小匙、香油 1 小匙

1 鍋中入適量水煮滾後,加入調味料 (1)

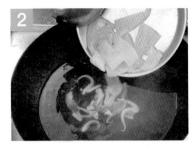

2 煮滾後關火先放入較厚中卷頭部數秒,再入其他部位

3 再開小火泡熟透及攪拌均勻

4 完全熟透撈起

5 後入冰靜開水冰鎮後,再撈起瀝乾水分備用

6 依順序中卷花排入整齊、頭鬚入中間

7 取調味料 (2) 入調理碗

8 再放入蔥末、蒜末及薑末、辣椒末,攪拌均勻入小碟即可

401-A5

注意事項

1. 切割中卷花刀,特別注意間隔刀紋 0.6cm 以下,長度大小一致,也需達到 12 卷以上花刀。

2. 燙中卷時容易過熟老掉,火候溫度要控制恰當。

3. 調味料因直接供餐不再加熱,因此若考場無提供瓷湯匙,不鏽鋼湯匙需以酒精消毒過後,方可用來攪拌。

炸豆腐

★★ 401-A5 ★★

 第一階段前製備

▶ 材料

盒裝板豆腐 1 盒、細柴魚片（花）60
克、低筋麵粉 1 杯、雞蛋 2 顆

▶ 調味料

醬油 2 大匙、味醂 2 大匙、糖 1/2 大
匙、冷開水 1/4 杯

1 調理盤放入 1 杯麵粉後，入豆腐塊沾上麵粉均勻

2 調理碗打入 2 顆蛋液攪拌均勻，再入沾滿麵粉豆腐塊滾上蛋液

3 再入柴魚細絲，沾黏均勻

4 全部豆腐塊沾滿柴魚絲均勻備用

5 鍋中入適量油，燒開至 160 度油溫，關火後入全部柴魚豆腐塊炸

6 微炸後再開小火炸至熟透，撈起瀝乾

7 放入餐巾紙吸油，即可入盤排整齊

8 取調理碗，入全部調味料攪拌均勻後入小碟

401-A5

注意事項

1. 此菜是日式料理的一道炸物，溫度火候要控制得宜，不然容易燒焦。

2. 在沾蛋液及柴魚絲時，請將豆腐片全數沾完麵粉後，依序全數沾完蛋液再裹柴魚絲，以免手沾滿蛋液及柴魚絲，顯得髒亂。

3. 調味料因直接供餐不再加熱，因此若考場無提供瓷湯匙，不鏽鋼湯匙需以酒精消毒過後，方可用來攪拌。

❶ 炸蝦	❷ 海苔飯卷	❸ 美乃滋	❹ 馬鈴薯沙拉

 測試題卡

題序	製備項目	主要刀工	烹調製備法	主材料	副材料組合	備註
1	蝦	去頭去殼留尾巴、斷筋拉長	炸	帶殼鮮蝦 6 隻（草蝦或白蝦，20 尾 / 以上）	• 白蘿蔔 100g 以上	1. 需裹粉（材料置於公共調味料區，自選合宜之材料） 2. 需附白蘿蔔泥與沾醬
2	米	切條（副材料）	煮	米 200g 以上	• 海苔 2 片長 18× 寬 20cm • 小黃瓜 (1)1 條 80g 以上（食材長度 15cm 以上） • 紅蘿蔔 1/2 條 100g 以上（食材長度 15cm 以上） • 魚鬆 50g 以上 • 調味干瓢 50g 以上	1. 自行製作壽司醋飯 2. 醋、味醂置於公共調味料區 3. 糖置於各崗位
3	美乃滋	無		• 雞蛋 1 顆 • 白醋適量 • 沙拉油適量 • 黃芥末適量 • 糖適量 • 鹽適量		1. 自行製作美乃滋 2. 白醋、黃芥末置於公共調味料區
	馬鈴薯	切丁	煮、涼拌	馬鈴薯 2 顆，每顆 150g 以上	• 小黃瓜 (2)，40g 以上 • 雞蛋 1 顆	加入自製之美乃滋

各階段操作說明

第一階段前製備	
前處理	1. 帶殼蝦：洗淨後去頭、去殼、去腸泥留尾殼。 2. 馬鈴薯：洗淨後去皮。 3. 雞蛋：洗淨。 4. 白蘿蔔：洗淨後去蒂頭、尾、皮。 5. 小黃瓜：洗淨去頭尾。 6. 紅蘿蔔：洗淨去蒂頭、尾、皮。
刀工	受評分刀工成品為鮮蝦、馬鈴薯、白蘿蔔、小黃瓜 (1)(2)、紅蘿蔔，刀工成品置於準清潔區受評後，進行儲存；剩餘材料需留置汙染區檯面受評。
儲存	1. 鮮蝦：需覆蓋低溫儲存。 2. 馬鈴薯：需覆蓋低溫儲存。 3. 白蘿蔔：需覆蓋低溫儲存。 4. 小黃瓜：需覆蓋低溫儲存。 5. 紅蘿蔔：需覆蓋低溫儲存。 6. 其他生鮮、蔬果：需覆蓋低溫儲存。

刀工表：

材料	刀工規格	數量	備註
鮮蝦	斷筋拉長留尾殼	6 尾	
馬鈴薯	切丁	切完	依食材形狀可不修邊
白蘿蔔	磨成泥狀	50g 以上	可先磨泥
小黃瓜 (1)	切條	至少 2 條以上	長度需 10cm 以上可先醃漬
小黃瓜 (2)	切丁	切完	
紅蘿蔔	切條	至少 2 條以上	長度需 10cm 以上

第二階段烹調製備	

＊請依上述規定材料與題意內容烹調製備，規定主副材料不得短少。

1. 炸蝦	1. 以油鍋進行油炸 2. 蝦先調味醃製。 3. 蝦需裹粉後油炸，麵衣需酥脆不可脫落。 4. 蝦外表不可彎曲，不可焦黑。 5. 蝦肉必須全熟。 6. 調味規範：需附 (1) 白蘿蔔泥 (2) 沾醬（以公共調味料區之調味料自選合宜使用）。
2. 海苔飯卷	1. 米煮熟後加入調味料拌勻。 2. 紅蘿蔔醃漬入味或煮熟、小黃瓜需醃漬入味。 3. 海苔片需先加熱烘烤，並捲入所需材料，成品需有 2 卷，切 16 塊以上，每塊大小需一致。 4. 調味規範：以公共調味料區之調味料自選合宜使用。
3. 美乃滋	需均勻不可油水分離，濃稠度需合宜，至少需有 200g 以上受評。
4. 馬鈴薯沙拉	1. 雞蛋、馬鈴薯皆需全熟。 2. 小黃瓜需依衛生手法處理。 3. 需加入自製之美乃滋拌勻（需保留 100g 以上之美乃滋盛裝後與成品共同受評）。

第三階段善後處理	

1. 所有剩餘材料配合辦理單位之分類回收規定處理。

2. 善後處理時，除工作崗位（包含檯面、鍋具、工具、地板清潔…等）之清潔整理需完成外，需將評分後之所有器具碗盤清潔與擦拭乾淨歸位並清點數量。

401-A6 炸蝦、海苔飯卷、美乃滋、馬鈴薯沙拉

帶殼鮮蝦

米

雞蛋

白醋

沙拉油

黃芥末

糖

鹽

馬鈴薯

白蘿蔔

海苔

小黃瓜

紅蘿蔔

魚鬆

調味干瓢

味醂

受評刀工

◎ 拉長鮮蝦／馬鈴薯丁／白蘿蔔泥／小黃瓜條、小黃瓜丁／紅蘿蔔條

不受評刀工

◎ 白米／海苔／魚鬆／調味干瓢／雞蛋

一、第一階段前製備（80 分鐘）

（一）**器具清洗**

　　1. 請依照 P14 器具清洗流程清洗器具。

　　2. 自公共材料區拿回壽司簾、炸蝦網、標籤紙。

（二）**清洗食材與刀工切配**

　　請依 P15 食材與刀工切配流程完成食材清洗與刀工處理。

（三）**刀工評分後，覆蓋貼標籤入冷藏儲存**

　　請依 P15 之流程，完成食材裝保鮮盒或覆蓋保鮮膜，並以標籤紙寫上個人崗位編號、品名、日期（必須含月、日）。

二、第一階段評分（20 分鐘）

　　刀工評分後之等待時間，可先進行高湯熬煮、食材醃漬、取用公共區域醬料與公共器具。

三、第二站實作—第二階段烹調製備（60分鐘）

炸蝦
★★ 401-A6 ★★

 第一階段前製備

▶ 材料

帶殼鮮蝦 6 隻、白蘿蔔 100 公克、低筋麵粉
1.5 杯、雞蛋 1 粒

▶ 調味料

(1) 鹽 1/4 大匙、胡椒粉 1/6 小匙
(2) 醬油 3/4 大匙、味醂 1 小匙、糖 1 小匙、
　　冷開水 1/4 杯

1 鮮蝦入調味盤,加入鹽少許醃製

2 取調理鋼盆,加入 1 杯低筋麵粉及蛋黃與冷開水半杯,攪拌均勻糊稠狀備用

3 調理盤再加入剛調好的 2 大匙麵糊,與拉長蝦拌勻

4 取一油鍋燒開至 180 度油溫,後先用手弧麵糊少許油鍋測試

5 麵糊入油鍋成小粒,麵衣酥狀,並取炸蝦網撈起油邊

6 再入沾滿麵衣拉長蝦,放入麵酥鍋邊捲起依附蝦身

7 持續入炸麵酥至完全蝦肉熟透撈起

8 調味料 (2) 入調理碗,攪拌均勻,再入 2 大匙蘿蔔泥即可

401-A6

注意事項

1. 蝦子一定要去除蝦腸洗淨後,蝦腳部下方是蝦筋一定斷筋,再來拉長蝦條。

2. 麵糊水可加入冰開水及少許油,增加酥度及麵糊水,要調為適當不可太濃稠。

3. 炸蝦時油溫不可太高溫,容易變黑過焦酥。

4. 調味料因直接供餐不再加熱,因此若考場無提供瓷湯匙,不鏽鋼湯匙需以酒精消毒過後,方可用來攪拌。

海苔飯卷

★★ 401-A6 ★★

 第一階段前製備

▶ 材料

白米 200 克以上、海苔 2 片、魚鬆 50 克、
調味干瓢 50 克、小黃瓜 1 條、紅蘿蔔 1/2 條

▶ 調味料

(1) 鹽 1/4 小匙
(2) 白醋 1/2 小杯、白糖 1/4 小杯
(3) 白醋 2 大匙、糖 2 大匙

1

米洗淨 3 次瀝乾水分，米比水=1：0.8 比例，入飯鍋裡，外鍋加入 0.8 水量，米水泡製 10 分鐘，即可壓下開關煮飯

2

煮好飯悶 5 分鐘，可拌入調味料 (3) 入鍋與飯攪拌均勻吹涼

3

小黃瓜條與調味料 (1) 抓麻殺青，靜置 5 分鐘後瀝乾水分再泡製調味料 (2)

4

紅蘿蔔條入鍋中滾水汆燙熟透，撈起泡靜水後撈起瀝乾

5

戴上手套，鋪竹簾再鋪上保鮮膜及海苔片

6

再取完全冷卻壽司飯，均勻鋪上海苔片上，將食材依順序整齊放入壽司飯上，魚鬆調味干瓢及小黃瓜 2 條、紅蘿蔔 2 條

7

再以竹簾捲起手指壓緊，捲起往前慢慢捲起

8

打好的美乃滋需另盛一碗 100g 以上受評

401-A6

注意事項

1. 米洗淨後可以先不用與煮飯水先泡，避免泡太久米飯會過爛。

2. 壽司飯一定要冷卻後才可以鋪入海苔。

3. 要切壽司可在刀片上沾少許壽司醋，防止米飯黏刀不好切。

4. 調味料因直接供餐不再加熱，因此若考場無提供瓷湯匙，不鏽鋼湯匙需以酒精消毒過後，方可使用。

美乃滋
★★ 401-A6 ★★

第一階段前製備

▶ 材料

雞蛋 1 顆、糖 3 大匙、白醋 2 大匙、沙拉油
1 杯、黃芥末醬 1/2 小匙、鹽 1/4 小匙

第二階段烹調製備流程

1 取鋼盆、餐巾紙擦拭乾淨，桌子鋪上正方毛巾

2 鋼盆內放入蛋黃及糖 1.5 大匙

3 取打蛋器，將蛋黃打至稍微變色均勻

4 慢慢加入一點點沙拉油，攪拌方向一致攪拌

5 持續慢慢攪拌，變固體狀態

6 稍成形後再加入糖及鹽與白醋均勻攪拌

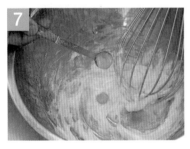

7 入芥末醬拌均勻

8 打好美乃滋醬需呈現 100g 以上呈現受評

401-A6

注意事項

1. 沙拉鋼盆內千萬不可留有水分，打美乃滋時打蛋器方向要一致。

2. 沙拉油與糖要分多次，慢慢加入較容易成功。

3. 打美乃滋力道要一致，不要太用力，順順就可。

馬鈴薯沙拉

★★ 401-A6 ★★

 第一階段前製備

▶ 材料

馬鈴薯 2 顆、小黃瓜 40g、雞蛋 1 顆

▶ 調味料

(1) 鹽 2 小匙、白醋 2 小匙
(2) 自製美乃滋 1/2 杯、鹽 1/2 小匙、胡椒
    1/4 小匙

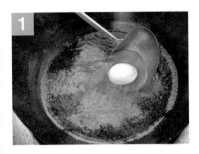

1. 鍋中入開水加入調味料 (1) 及生蛋,煮滾約 10 分鐘熟透

2. 蛋熟透取出泡冷開水冰鎮,戴上衛生手套剝除蛋殼

3. 蛋切成小丁狀,放入瓷碗備用

4. 馬鈴薯與小黃瓜汆燙至熟,放入冰水冰鎮備用

5. 冰鎮後撈起,瀝乾水分

6. 將蛋、小黃瓜、馬鈴薯加入調味料 (2) 攪拌均勻後盛盤即可

401-A6

注意事項

1. 蔬果須冰鎮,降低溫度。

2. 需瀝乾材料水分,否則美乃滋會化成水。

3. 自製美乃滋需保留 100g 盛小碗成品供受評。

4. 調味料因直接供餐不再加熱,因此若考場無提供瓷湯匙,不鏽鋼湯匙需以酒精消毒過後,方可用來攪拌。

❶ 燴雞胸片	❷ 煎雞腿	❸ 炒五彩豆干丁

 測試題卡

題序	製備項目	主要刀工	烹調製備法	主材料	副材料組合	備註
1	全雞	全雞分解修清雞胸肉，切片	燴	全雞 1 公斤以上	• 紅番茄 80g 以上 • 洋蔥 1/4 顆，50g 以上 • 青椒 1/2 顆，60g 以上 • 中薑 25g 以上	
2		雞腿去骨	煎		• 迷迭香 1g 以上 • 蒜頭 15g 以上 • 洋蔥 1/4 顆，50g 以上	迷迭香置於公共調味料區
3	豆干	切丁	炒	大豆干 2 塊，每塊 150g 以上	• 紅蘿蔔 1/2 條 100g 以上 • 乾香菇 15g 以上 • 毛豆 30g 以上 • 白山藥 60g 以上	

各階段操作說明

第一階段前製備		
前處理	1. 全雞：洗淨後去除內部雜物、雞羽毛。 2. 大豆干：洗淨。 3. 紅番茄：洗淨去蒂頭。 4. 洋蔥：洗淨後去頭、尾、皮。 5. 青椒：洗淨剖開去籽蒂。 6. 中薑：洗淨去皮。	7. 迷迭香：洗淨。 8. 蒜頭：洗淨去蒂頭、皮。 9. 紅蘿蔔：洗淨去蒂頭、尾、皮。 10. 乾香菇：泡水至軟去蒂。 11. 毛豆：洗淨。 12. 白山藥：洗淨去皮。

<table>
<tr><td rowspan="9">刀工</td><td colspan="3">受評分刀工成品為雞胸、雞腿、大豆干、紅番茄、青椒、紅蘿蔔、乾香菇、白山藥，刀工成品置於準清潔區受評後，進行儲存；剩餘材料需留置汙染區檯面受評，雞骨架及雞翅可先熬製高湯備用。</td></tr>
</table>

材料	刀工規格	數量	備註
全雞	全雞分解，修清去皮雞胸肉，切片，可為不規則形的片或（長）方形片	12 片以上	雞肉不可殘留於骨頭 超過 10%
	雞腿去骨	2 支	脫皮不得超過 1/3
大豆干	修邊後切丁	切完	
紅番茄	去皮去籽，切 8 等分	切完	
青椒	切片	切完	
紅蘿蔔	切丁	80g 以上	
乾香菇	切丁	切完	
白山藥	切丁	切完	

儲存	1. 雞片、雞腿：需覆蓋低溫儲存。 2. 豆干丁：需覆蓋低溫儲存。 3. 紅番茄：需覆蓋低溫儲存。 4. 青椒：需覆蓋低溫儲存。 5. 紅蘿蔔：需覆蓋低溫儲存。 6. 乾香菇：需覆蓋低溫儲存。 7. 白山藥：需覆蓋低溫儲存。 8. 其他生鮮、蔬果：需覆蓋低溫儲存。

第二階段烹調製備	
*請依題意及菜名烹調製備，規定主副材料不得短少。	
1. 燴雞胸片	1. 雞片需先醃漬；過油或過水皆可。 2. 需以高湯烹調製備，燴汁需均勻不可成團。 3. 雞片不可焦黑，內部需全熟，成品不可破碎。 4. 調味規範：需調味，以公共調味料區之調味料自選合宜地使用。
2. 煎雞腿	1. 雞腿需先以副材料醃漬後煎熟上色，不得用油炸，煎完後需切成 6 塊以上。 2. 外觀完整，不得破碎，表面著色均勻不可焦黑，內部需全熟。 3. 調味規範：需調味，以公共調味料區之調味料自選合宜地使用。
3. 炒五彩豆干丁	1. 豆干及其他副材料均需炒熟不可焦黑。 2. 成品外觀需 完整不可破碎。 3. 調味規範：需調味，以公共調味料區之調味料自選合宜地使用。
第三階段善後處理	

1. 所有剩餘材料配合辦理單位之分類回收規定處理。
2. 善後處理時 ，除工作崗位（包含檯面、鍋具、工具、地板清潔…等）之清潔整理需完成外，需將評分後之所有器具碗盤清潔與擦拭乾淨歸位並清點數量。

材料篇

全雞

大豆干

紅番茄

洋蔥

青椒

中薑

迷迭香

蒜頭

紅蘿蔔

乾香菇

毛豆

白山藥

刀工篇

受評刀工

◎ 雞肉片、雞腿去骨／大豆干丁／紅番茄片／青椒片／
紅蘿蔔丁／乾香菇丁／白山藥丁

不受評刀工

◎ 洋蔥片、洋蔥絲／中薑片／蒜頭碎

一、第一階段前製備（80 分鐘）

（一）器具清洗

1. 請依照 P14 器具清洗流程清洗器具。
2. 自公共材料區拿回標籤紙。

（二）清洗食材與刀工切配

請依 P15 食材與刀工切配流程完成食材清洗與
刀工處理。

（三）刀工評分後，覆蓋貼標籤入冷藏儲存

請依 P15 之流程，完成食材裝保鮮盒或覆蓋保
鮮膜，並以標籤紙寫上個人崗位編號、品名、
日期（必須含月、日）。

二、第一階段評分（20 分鐘）

刀工評分後之等待時間，可先進行高湯熬煮、
食材醃漬、取用公共區域醬料、**迷迭香**與取用
公共器具。

三、第二站實作—第二階段烹調製備（60 分鐘）

燴雞胸片

★★ 402-B7 ★★

 第一階段前製備

▶ 材料

全雞 1 隻（取雞胸肉、雞骨架）、紅番茄 80g、
洋蔥 1/4 顆、青椒 1/2 顆、中薑 25g

▶ 調味料

(1) 鹽 1/2 小匙、胡椒粉 1/4 小匙、米酒 2 小匙、
　　太白粉 1 大匙、香油 1 小匙、水 2 大匙

(2) 糖 1 大匙、醬油 1 小匙、胡椒粉 1/4 小匙、
　　雞高湯 1 杯

(3) 太白粉 1 大匙、水 2 大匙（芡水）

(4) 香油 1 小匙

第二階段烹調製備流程

雞胸肉片以調味料 (1) 醃漬，抓握按摩至收乾

起水鍋沸騰後放入雞胸肉片

雞胸肉片燙至熟透後撈起瀝乾

下 1 大匙油，以薑片、洋蔥片爆香

放入調味料 (2) 與雞高湯煮滾

加入雞胸肉片、青椒片、番茄片煮至熟透

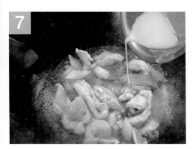

以調味料 (3) 芡水勾芡

起鍋前加入調味料 (4) 拌合

402-B7

注意事項

1. 番茄需在第一階段劃十字刀，汆燙 1 分鐘，泡冰水去皮後再切 8 等分去籽。

2. 為配合番茄汁刀工規定，故其餘副材料皆切菱形，可使成品刀工較為一致美觀。

3. 需以高湯烹調製備，若未加高湯扣 41 分。

4. 為使燴汁不結團，芡水務必攪拌均勻，趁湯汁沸騰時下鍋攪拌均勻。

5. 本道菜因有湯汁，須使用凹盤裝盛。

煎雞腿
★★ 402-B7 ★★

 第一階段前製備

▶ 材料

全雞 1 隻（取去骨雞腿 2 支）、迷迭香
5g、蒜頭 15g、洋蔥 1/4 顆

▶ 調味料

鹽 1 小匙、胡椒粉 1/3 小匙、白酒 1 大匙、
橄欖油 2 大匙

第二階段烹調製備流程

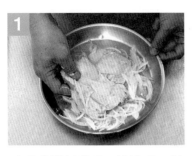

1

去骨雞腿以蒜片、迷迭香、洋蔥絲、調味料搓揉醃漬 10 分鐘以上

2

熱鍋滑油，留下約 3 大匙油，將雞腿的雞皮拉平拉撐後向下入鍋，並轉小火

3

雞皮煎至捲曲上色，周圍約 1cm 泛白即可翻面

4

雞腿移至鍋邊漸熟，空出位置，放入洋蔥等調味蔬菜炒軟

5

雞腿起鍋後，靜置讓肉汁均勻分布與滴落

6

將調味蔬菜鋪入盤底

7

以熟食手法切 6 塊以上即可裝盤

402-B7

注意事項

1. 一般業界雞腿去骨時，會將雞腳與小腿間的關節骨留著，以利辨識雞腿方向，及避免小腿部分雞皮加熱時過度收縮。但本題刀工要求須去骨，因此勿留下此骨節。

2. 本道菜之迷迭香，若考場未提供新鮮迷迭香，以乾燥迷迭香醃製亦可；新鮮迷迭香建議切 1~2cm 小段，出餐前較易挑除，以免供餐時顧客吃到硬梗。

3. 雞腿肉部分，建議劃刀將筋腱劃斷，以免煎時肉體過分收縮影響外觀。

4. 傳統上煎肉排會有搭配的調味蔬菜，搭配主肉塊煎上色後入爐烤至指定熟度，並且將調味蔬菜或澱粉類隨餐附上，以提升餐點的均衡與豐富性。因此建議可將副材料等調味蔬菜隨餐附上。

炒五彩豆干丁

★★ 402-B7 ★★

 第一階段前製備

▶ 材料

乾香菇 15g、大豆干 2 塊、紅蘿蔔 1/2 條、
毛豆 30g、白山藥 60g

▶ 調味料

鹽 1/2 小匙、糖 1/2 小匙、胡椒粉 1/4 小匙、
香油 1 小匙

第二階段烹調製備流程

毛豆仁去膜

紅蘿蔔丁入沸水煮熟約 1 分鐘
以上

再入毛豆、山藥丁、豆干丁，
沸騰後滾 30 秒

全部材料撈起瀝乾備用

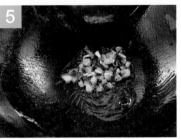

熱鍋後下 1 大匙油將香菇丁煸
香至金黃

將汆燙熟的材料丁入鍋拌炒

加入調味料炒均勻即可

402-B7

注意事項

1. 此題規定成品外觀需完整不可破碎，因此刀工切丁時，務必將所有食材切成大小相等之丁狀；
   山藥丁不耐久煮且易破碎，因此建議滾 30 秒熟透就好以免碎裂。

2. 毛豆清洗時若有外膜，請先搓洗使其脫落，如此加熱後較不易變黃。汆燙時務必注意時間不宜
   久煮以免影響外觀。

3. 此道菜調味可依個人喜好使用公共調味區之醬料炒作，示範部分是以清炒，亦可多元使用醬
   料，但須講究口味之協調性。

402-B8

❶ 時蔬炒鴨柳	❷ 香料水煮鴨腿	❸ 醃漬小黃瓜

 測試題卡

題序	製備項目	主要刀工	烹調製備法	主材料	副材料組合	備註
1	全鴨	鴨分解取鴨胸（菲力）	炒	太空鴨 1 隻 1.5kg 以上	• 紅蘋果 1 顆 80g 以上 • 西芹 1 支 100g 以上 • 紅辣椒 2 根 20g 以上 • 洋蔥 1/4 顆 50g 以上	
2		鴨分解取鴨腿	煮		• 青蔥 20g 以上 • 中薑 25g 以上 • 月桂葉 2 片 • 白胡椒粒 3~5g	月桂葉及白胡椒粒置於公共調味料區
3	小黃瓜	切圓薄片	涼拌	小黃瓜 2 條，每條 80g 以上		需先鹽漬

各階段操作說明

第一階段前製備	
前處理	1. 全鴨：外表洗淨去除內部雜物、羽毛。 2. 小黃瓜：洗淨去頭尾。 3. 紅蘋果：洗淨去皮。 4. 西芹：洗淨去表皮、粗纖維。 5. 紅辣椒：洗淨去蒂。 6. 洋蔥：洗淨後去頭、尾、皮。 7. 青蔥：洗淨去鬚根頭、老葉。 8. 中薑：洗淨去皮。 9. 月桂葉：洗淨。

刀工	受評分刀工成品為**鴨柳、鴨腿、紅蘋果、西芹、小黃瓜**，刀工成品置於準清潔區受評後，進行儲存；剩餘材料需留置汙染區檯面受評，鴨骨架可先熬製高湯備用。			
	材料	刀工規格	數量	備註
	太空鴨	鴨分解，取鴨胸菲力，去皮後切條	鴨胸切完	鴨肉不可殘留於骨頭超過10%
		修清鴨骨架取鴨腿	2 支	鴨腿需烹調製備後再去骨
	紅蘋果	切條	切完	
	西芹	切條，高依食材厚度	切完	
	小黃瓜	切圓片，依食材直徑，厚度 0.3cm 以下	切完	

儲存	1. 鴨胸：需覆蓋低溫儲存。 2. 鴨腿：需覆蓋低溫儲存。 3. 紅蘋果：需覆蓋低溫儲存。 4. 西芹：需覆蓋低溫儲存。 5. 小黃瓜：需覆蓋低溫儲存。 6. 其他生鮮、蔬果：需覆蓋低溫儲存。

第二階段烹調製備	
＊請依題意及菜名烹調製備，規定主副材料不得短少。	
1. 時蔬炒鴨柳	1. 鴨柳需先醃漬；過油過水或直接烹調製備皆可。 2. 需以高湯烹調製備，鴨柳不可焦黑，內部需全熟，成品不可破碎，不可過多的湯汁。 3. 調味規範：需調味，以公共調味料區之調味料自選合宜地使用。
2. 香料水煮鴨腿	1. 烹調製備需以高湯烹煮，並需加入所有副材料。 2. 鴨腿內部需全熟，不可帶血水。 3. 盛盤時去骨切片擺盤，至少需切 6 片以上。 4. 調味規範：需調味，以公共調味料區之調味料自選合宜地使用。
3. 醃漬小黃瓜	1. 小黃瓜需先以鹽醃漬，脫生澀味，需脆綠，不可呈褐色，鹹度要適中，必須有甜酸味。 2. 調味規範：以公共調味料區之調味料自選合宜地使用。
第三階段善後處理	

1. 所有剩餘材料配合辦理單位之分類回收規定處理。
2. 善後處理時，除工作崗位（包含檯面、鍋具、工具、地板清潔…等）之清潔整理需完成外，需將評分後之所有器具碗盤清潔與擦拭乾淨歸位並清點數量。

402-B8　時蔬炒鴨柳、香料水煮鴨腿、醃漬小黃瓜

太空鴨

小黃瓜

紅蘋果

西芹

紅辣椒

洋蔥

青蔥

中薑

月桂葉

白胡椒粒

受評刀工

不受評刀工

◎ 鴨柳條、鴨腿／紅蘋果條／西芹條／小黃瓜片

◎ 蔥段／中薑片／紅辣椒絲／洋蔥條

一、第一階段前製備（80分鐘）

（一）器具清洗

　　1. 請依照 P14 器具清洗流程清洗器具。

　　2. 自公共材料區拿回標籤紙。

（二）清洗食材與刀工切配

　　請依 P15 食材與刀工切配流程完成食材清洗與
　　刀工處理。

（三）刀工評分後，覆蓋貼標籤入冷藏儲存

　　請依 P15 之流程，完成食材裝保鮮盒或覆蓋保
　　鮮膜，並以標籤紙寫上個人崗位編號、品名、
　　日期（必須含月、日）。

二、第一階段評分（20分鐘）

　　刀工評分後之等待時間，可先進行高湯熬煮、
　　食材醃漬、取用公共區域醬料與公共器具。

三、第二站實作—第二階段烹調製備（60分鐘）

時蔬炒鴨柳

★★ 402-B8 ★★

 第一階段前製備

▶ 材料

西芹1支、紅蘋果1顆、紅辣椒2根、洋蔥1/4顆、
鴨胸菲力1付

▶ 調味料

(1) 醬油1小匙、鹽1/2小匙、胡椒粉1/4小匙、
　　米酒1小匙、太白粉1大匙、水1大匙
(2) 辣豆瓣醬1大匙、醬油2小匙、糖1/2小匙、
　　胡椒粉1/4小匙、米酒1匙、鴨骨高湯2大匙
(3) 香油1小匙

1

鴨柳以調味料 (1) 醃漬抓麻至
水分皆吸收

2

起水鍋將西芹條入沸水，汆燙
熟透撈起備用

3

將鴨柳倒入沸水中攪散，沸騰
30 秒後熄火泡 5 分鐘

4

鴨柳熟透後撈起瀝乾備用

5

熱鍋後下 1 大匙油，以辣椒
絲、洋蔥條爆香

6

加入鴨柳、西芹、蘋果條、調
味料 (2) 與鴨骨高湯，翻炒收
汁

7

起鍋前拌入調味料 (3) 即可

402-B8

注意事項

1. 蘋果易氧化褐變，建議切條後要泡水以免變褐色，且不宜過度加熱，以免軟爛斷裂影響外觀。

2. 鴨柳需先醃漬；過油過水或直接烹調製備皆可，需以高湯烹調製備，未加扣 41 分。鴨柳不可焦
黑，內部需全熟，成品不可破碎，不可有過多的湯汁。

3. 本道以家常辣炒方式調味，亦可使用其他合宜之方式調味，切勿只有清炒，未取用公共調味料
區之調味料即不合題意。

香料水煮鴨腿
★★ 402-B8 ★★

 第一階段前製備

▶ 材料

鴨腿 2 支、青蔥 20 克、中薑 25 克、月桂葉 2 片、白胡椒粒 3 克

▶ 調味料

(1) 鹽 1 小匙、花椒粒大匙、水 1/4 杯
(2) 鹽 2 小匙、糖 2 小匙、米酒 1/4 杯

第二階段烹調製備流程

1

調味料(1)加薑片、蔥段成香料水,醃製鴨腿抓揉均勻

2

冷水鍋放入月桂葉、白胡椒粒、鴨腿與醃料,以中火煮滾10分鐘泡25分鐘

3

以筷子插入鴨腿查看有無血水冒出

4

若無血水,即可將鴨腿撈起靜置降溫

5

以1/2杯鴨高湯加入調味料(2),製成調味汁

6

以熟食手法,將鴨腿外側皮面向下,L型劃刀

7

從中間關節處切斷筋腱,往兩側拉出骨頭

8

將去骨後之鴨腿切割6片以上

9

淋上調味汁

10

倒出多餘之湯汁

11

將盤緣擦拭乾淨即可

402-B8

注意事項

1. 烹調製備需以高湯烹煮,並需加入所有副材料,鴨腿內部需全熟,因此務必將鴨腿泡25分鐘以上以求熟透。可以筷子戳入鴨腿確認不出血水。

2. 本道以中式泡煮法:先以滾水封煮10分鐘,再以熄火或輕度沸騰(微發泡)泡25分鐘以上,如此可充分熟透亦有舒肥法的軟嫩效果。

3. 香料鴨作法,本題只規定須將題卡之副材料全加,亦可於公共區域挑選合宜的辛香料,以增加香料風味。

醃漬小黃瓜
★★ 402-B8 ★★

 第一階段前製備

▶ 材料

小黃瓜 2 條

▶ 調味料

(1) 鹽 1 小匙
(2) 糖 3 大匙、白醋 3 大匙

1

小黃瓜片以調味料 (1) 拌勻

2

靜置 10 分鐘使其水分滲透出來

3

將滲出之小黃瓜汁液略壓瀝乾

4

加入調味料 (2)

5

將其抓入味

6

靜置 10 分鐘以上封上保鮮膜

7

貼上標籤註明組別、品名與日期，出餐前再裝盤

402-B8

注意事項

1. 小黃瓜依規定，厚度需切 0.3cm 以下，拌入的鹽較易使其斷生，滲出苦水，不宜加入過多鹽與過度擠壓，以免小黃瓜之甜味流失。

2. 本道之調味規範要求鹹度要適中，必須有甜酸味，因此小黃瓜斷生去苦水後，應試吃鹹度；若太鹹務必以開水漂去多餘鹹味，再加入糖與白醋。

3. 糖與醋的比例 1：1，可以實際的分量做糖與醋的用量增減。正常情況糖顆粒會完全溶解，若氣溫較低糖不易溶解，可先將糖與醋加熱溶解後再拌入醃漬。

4. 本道以單純之糖醋法調味，亦可依個人喜好添加糖醋味以外的佐料增加風味。

❶ 炸豬排

❷ 酸辣蝦湯

❸ 涼拌洋蔥絲

 測試題卡

題序	製備項目	主要刀工	烹調製備法	主材料	副材料組合	備註
1	豬里肌	切厚片	炸	里肌肉 300g 以上	・ 麵包粉 100g~150g ・ 雞蛋 2 顆 ・ 麵粉適量	1. 需附自製醬汁 2. 麵粉、麵包粉置於公共調味料區
2	蝦		煮	帶殼鮮蝦 6 隻（草蝦或白蝦，20 尾／斤以上）	・ 蛤蜊 300g 以上 ・ 草菇 6 朵 ・ 小番茄 6 顆 ・ 南薑 5g ・ 檸檬 1 顆 ・ 紅辣椒 1 根，10g 以上 ・ 雙葉檸檬葉 2 片 ・ 洋蔥 (2)1/2 顆，100g 以上 ・ 香茅 2 根 ・ 魚露適量 ・ 酸辣醬適量	魚露、酸辣醬置於公共調味料區
3	洋蔥 (1)	絲	拌	洋蔥 1 顆 200g 以上	・ 白芝麻 10g 以上 ・ 細柴魚片（花）10g 以上 ・ 香菜 2 根，5g 以上	需附自製醬汁

第一階段前製備				

| 前處理 | 1. 里肌肉：洗淨。
2. 帶殼蝦：洗淨後去頭、殼、腸泥。
3. 洋蔥：洗淨後去頭、尾、皮。
4. 雞蛋：洗淨。
5. 蛤蜊：洗淨。
6. 草菇：洗淨。 | 7. 小番茄：洗淨。
8. 南薑：洗淨。
9. 檸檬：洗淨。
10. 紅辣椒：洗淨去蒂。
11. 雙葉檸檬葉、香茅：洗淨。
12. 香菜：洗淨去根頭去枯葉。 |

受評分刀工成品為里肌肉、蝦、洋蔥、草菇、小番茄、南薑、檸檬、紅辣椒、香茅、香菜，刀工成品置於準清潔區受評後，進行儲存；剩餘材料需留置汙染區檯面受評，蝦殼可先熬製高湯備用。

材料	刀工規格	數量	備註
里肌肉	去筋、切厚片，需完整不可破碎	250g 以上	
蝦	去殼留鳳尾	6 尾	
洋蔥 (1)	切絲	切完	
洋蔥 (2)	切塊	切完	
草菇、小番茄	對切	切完	
南薑	切片	切完	
檸檬	取汁	適量	
紅辣椒	切片	切完	依食材形狀以斜刀切
香茅	切段	切完	
香菜	碎末	全切	

刀工

| 儲存 | 1. 里肌肉片：需覆蓋低溫儲存。
2. 蝦：需覆蓋低溫儲存。
3. 洋蔥：需覆蓋低溫儲存。
4. 草菇、小番茄：需覆蓋低溫儲存。
5. 南薑：需覆蓋低溫儲存。 | 6. 檸檬汁：需覆蓋低溫儲存。
7. 紅辣椒：需覆蓋低溫儲存。
8. 香茅：需覆蓋低溫儲存。
9. 香菜：需覆蓋低溫儲存。
10. 其他生鮮、蔬果：需覆蓋低溫儲存。 |

第二階段烹調製備	
*請依上述規定材料與題意內容烹調製備，規定主副材料不得短少。	
1. 炸豬排	1. 里肌肉片以肉槌拍打，不可破碎，需醃製。 2. 肉片依序沾麵粉與蛋液後裹麵包粉炸熟。 3. 盛盤時需切割成 6 人份。 4. 調味規範：需附自製醬汁，以公共調味料區之調味料自選合宜地使用。
2. 酸辣蝦湯	1. 需以蝦殼及副材料熬製高湯後過濾使用。 2. 海鮮不可烹煮過度。 3. 成品需有酸辣味及香辛料之香味，不可帶腥味、不可帶蛤蜊殼。 4. 成品以直徑 24cm 之湯碗盛裝，約需有八分滿、湯料比例需合宜。 5. 調味規範：需調味，以公共調味料區之調味料自選合宜地使用。
3. 涼拌洋蔥絲	1. 洋蔥：浸冷開水去菁味濾乾盛盤。 2. 白芝麻炒熟。 3. 細柴魚片（花）需乾熱減菌。 4. 成品需有香菜、白芝麻、自製油醋醬汁、細柴魚片（花）。 5. 調味規範：需附自製油醋醬汁，以公共調味料區之調味料自選合宜地使用。
第三階段善後處理	

1. 所有剩餘材料配合辦理單位之分類回收規定處理。
2. 善後處理時，除工作崗位（包含檯面、鍋具、工具、地板清潔…等）之清潔整理需完成外，需將評分後之所有器具碗盤清潔與擦拭乾淨歸位並清點數量。

402-B9 炸豬排、酸辣蝦湯、涼拌洋蔥絲

里肌肉

帶殼鮮蝦

洋蔥

麵包粉

雞蛋

麵粉

蛤蜊

草菇

小番茄

南薑

檸檬

紅辣椒

雙葉檸檬葉

香茅

魚露

酸辣醬　　白芝麻　　細柴魚片（花）　　香菜

受評刀工
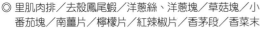

不受評刀工

◎ 里肌肉排／去殼鳳尾蝦／洋蔥絲、洋蔥塊／草菇塊／小番茄塊／南薑片／檸檬片／紅辣椒片／香茅段／香菜末

◎ 雙葉檸檬葉／蛤蜊

一、第一階段前製備（80分鐘）

（一）器具清洗

　　1. 請依照 P14 器具清洗流程清洗器具。

　　2. 自公共材料區拿回標籤紙。

（二）清洗食材與刀工切配

　　請依 P15 食材與刀工切配流程完成食材清洗與刀工處理。

（三）刀工評分後，覆蓋貼標籤入冷藏儲存

　　請依 P15 之流程，完成食材裝保鮮盒或覆蓋保鮮膜，並以標籤紙寫上個人崗位編號、品名、日期（必須含月、日）。

二、第一階段評分（20分鐘）

　　刀工評分後之等待時間，可先進行高湯熬煮、食材醃漬、取用公共區域醬料與公共器具。

三、第二站實作─第二階段烹調製備（60分鐘）

炸豬排
★★ 402-B9 ★★

 第一階段前製備

▶ 材料

里肌肉 300 克、雞蛋 2 顆、麵粉 1/2 杯、麵包粉 150 克

▶ 調味料

(1) 鹽 1/2 小匙、胡椒鹽 1/4 小匙、米酒 2 小匙

(2) 番茄醬 1 大匙、糖 1 大匙、烏醋 1 大匙、醬油膏 1 小匙、香油 1 小匙

Part 05 食物製備技能檢定術科試題組合實作練習

里肌排加上調味料 (1) 做醃漬

雞蛋三段式打法後打散

醃漬好之肉排兩面拍上麵粉

肉排兩面沾上蛋液

沾上麵包粉後壓緊實

起油鍋,加熱至 160℃,下鍋炸至豬排浮起鍋面,且兩面金黃

撈起瀝乾與靜置

把調味料 (2) 調勻成為附餐沾醬

戴上衛生手套,以熟食砧板將豬排切塊裝盤

注意事項

1. 里肌肉之刀工規範有限定肉排重量須達 250 克以上,修除白筋後務必秤重檢視,若考場給的里肌肉較窄長,可以蝴蝶刀法切片錘拍整形。

2. 雞蛋敲打時務必使用三段式打法以符合衛生檢查原則,豬排沾麵包粉時建議要壓緊實,油炸時較不易脫粉,可有較佳之酥脆效果。

3. 調味規範需附自製醬汁,因此不宜使用胡椒鹽,應自制味道合宜之醬汁,本道菜是以番茄醬為基底之糖醋醬呈現。

4. 豬排油炸之溫度建議約 160 度,可目測得知(麵包粉丟入油鍋中立刻浮起發泡),豬排入鍋後油溫會被吸熱下降,因此須保持中火,待豬排金黃熟透浮上後即可撈起。若酥脆程度或有含油之狀況,可將油溫加熱至180度以上,搶酥逼油。因豬排須切割成6人份,因此須切成6塊或6的倍數。

5. 調味料因直接供餐不再加熱,因此若考場無提供瓷湯匙,不鏽鋼湯匙需以酒精消毒過後,方可用來攪拌。

402-B9

酸辣蝦湯

★★ 402-B9 ★★

 第一階段前製備

◉ 材料

帶殼鮮蝦 6 隻、蛤蜊 300 克、南薑 5 克、紅辣椒 1 根、雙葉檸檬葉 2 片、洋蔥 1/2 顆、香茅 2 根、草菇 6 朵、小番茄 6 顆、檸檬 1 顆

◉ 調味料

泰式酸辣醬 2 大匙、魚露 1 大匙、糖 1 小匙、米酒 1 大匙

1 以 2 大匙油將蝦頭與蝦殼炒到略焦

2 加入 6 杯水，連同熬湯之調味蔬菜煮滾

3 將浮沫撈除，轉小火，熬 15 分鐘過濾備用

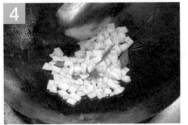

4 熱鍋滑油，以洋蔥塊與辣椒片爆香並炒軟

5 注入蝦高湯煮沸，加入香茅段、檸檬葉與南薑片

6 加入草菇、小番茄並煮至熟透下調味料

7 下蝦、蛤蜊，沸騰後煮至蛤蜊全開

8 最後下檸檬汁，拌勻即可起鍋

注意事項

1. 此道作法採用泰式經典料理「TomYumKung」做法，此酸辣醬亦稱冬炎醬，常搭配南薑、雙葉檸檬葉、香茅、檸檬汁與椰漿呈現，冬炎醬亦有素食配方，可以搭配菇菌類取代海鮮，製作素食泰式酸辣湯。

2. 烹調規範規定須以需以蝦殼熬製高湯，因此於刀工評分後，務必先以蝦頭蝦殼熬製蝦高湯，入鍋烹煮時注意湯量須達大瓷碗八分滿，湯料比例需合宜。若不足務必補足湯量。若未加蝦高湯烹煮扣 41 分。

3. 蝦與蛤蜊請於最後階段再下鍋，煮至蛤蜊全開即可加入檸檬汁略煮後熄火，以符合海鮮不可烹煮過度之規範，建議不加檸檬片裝飾以免檸檬皮之苦味滲出，影響湯品口感。

4. 成品需有酸辣味及香辛料之香味，不可帶腥味；因此建議去殼之鳳尾蝦與蛤蜊可加少許米酒去腥後再下鍋。

402-B9

涼拌洋蔥絲

★★ 402-B9 ★★

 第一階段前製備

▶ 材料

洋蔥 1 顆、細柴魚片 10 克、白芝麻 10 克、香菜 2 根

▶ 調味料

橄欖油 3 大匙、烏醋 1.5 大匙、鹽 1/4 小匙、胡椒粉 1/8 小匙

第二階段烹調製備流程

1 洋蔥絲以冰開水冰鎮

2 冰鎮 10 分鐘後瀝乾備用

3 以微火炒白芝麻至金黃色微出油，盛在瓷碗備用

4 續鍋將柴魚片烘香滅菌後盛入瓷盤備用

5 將瀝乾洋蔥絲裝至瓷碗中，並拌入香菜末攪拌均勻

6 將洋蔥絲擺盤

7 撒上柴魚片

8 最後再撒上白芝麻

9 拌合各項調味料成為油醋汁附上出餐

注意事項

402-B9

1. 洋蔥絲務必浸泡冷開水去菁味再瀝乾；白芝麻需炒熟但易燒焦，務必以微小火烘炒以免焦黑。細柴魚片（花）需乾熱滅菌，因此可炒完芝麻續鍋烘炒。

2. 油醋醬汁通常是以橄欖油加上白酒醋或陳酒醋調製，但公共材料並無酒醋，故以烏醋替代之。

3. 油醋汁比例通常是油 3：醋 1，再加點鹽和其它調味料。但也可合宜使用各種酒醋與不同風味之油品混搭，比例也可作若干調整，以符合個人口味。

4. 成品需依序在洋蔥絲上擺放細柴魚片（花）、香菜、白芝麻，並附上自製油醋醬汁以符合烹調規範。

5. 調味料因直接供餐不再加熱，因此若考場無提供瓷湯匙，不鏽鋼湯匙需以酒精消毒過後，方可用來攪拌。

❶ 炒彩椒鱸魚條	❷ 海鮮蔬菜煎餅	❸ 蒸蛋

 測試題卡

題序	製備項目	主要刀工	烹調製備法	主材料	副材料組合	備註
1	鱸魚	全魚分解取菲力切條	炒	鱸魚 1 尾，600g 以上	• 紅黃甜椒、青椒各 1/2 顆，60g 以上 • 青蔥 50g 以上 • 中薑 (1)25g 以上	
2	高麗菜	丁	煎	高麗菜 200g 以上	• 青蔥 50g 以上 • 中薑 (2)25g 以上 • 香菜 10g 以上 • 培根 1 條 30g 以上	烤肉醬置於公共調味料區
2	中卷	丁	煎	中卷 1 隻 200g 以上	• 雞蛋 1 顆 • 細柴魚片（花）10g 以上 • 綠海苔粉 3g 以上 • 麵粉適量 • 美乃滋 100g 以上	烤肉醬置於公共調味料區
3	雞蛋	無	蒸	雞蛋 6 顆	• 細柴魚片（花）10g 以上 • 蛤蜊 200g 以上 • 魚板 60g 以上 • 乾昆布 10g 以上	

各階段操作說明

第一階段前製備			
前處理	1. 鱸魚：洗淨去鱗、鰓、內臟。 2. 高麗菜：洗淨（去除不可使用部分）。 3. 中卷：由背部剖開，去除眼珠、腸泥、表層膜後洗淨。 4. 雞蛋：洗淨。 5. 紅黃甜椒、青椒：洗淨剖開去籽蒂。 6. 青蔥：洗淨去鬚根頭、老葉。		7. 中薑：洗淨去皮。 8. 香菜：洗淨去根頭去枯葉。 9. 培根：洗淨。 10. 蛤蜊：洗淨。 11. 魚板：洗淨。 12. 乾昆布：洗淨。

受評分刀工成品為鱸魚、高麗菜、中卷、青椒、紅黃甜椒、中薑 (1)(2)、培根、魚板，刀工成品置於準清潔區受評後，進行儲存；剩餘材料需留置汙染區檯面受評，魚骨架可先熬製高湯備用。

材料	刀工規格	數量	備註
鱸魚	切條	12 條以上	1. 魚骨不可殘留魚肉超過 5% 2. 刀工紋路要正確
高麗菜	切丁片，依食材厚度	200g 以上	刀工成品數量至少需 75%(150g) 符合規格
中卷	清肉：切丁 頭鬚部：切條，依原料厚度	切完	
青椒	切條	切完	形狀要整齊
紅甜椒、黃甜椒	切條	切完	形狀要整齊
中薑 (1)	切片	6 片以上	要整齊
中薑 (2)	切末	切完	要整齊
培根	切丁	切完	依食材厚度
魚板	切片	6 片以上	

刀工（上表所屬欄位為「刀工」）

| **儲存** | 1. 鱸魚條：需覆蓋低溫儲存。
2. 高麗菜：需覆蓋低溫儲存。
3. 中卷：需覆蓋低溫儲存。
4. 青椒、紅黃甜椒：需覆蓋低溫儲存。 | | 5. 中薑片、末：需覆蓋低溫儲存。
6. 培根：需覆蓋低溫儲存。
7. 魚板：需覆蓋低溫儲存。
8. 其他生鮮、蔬果：需覆蓋低溫儲存。 |

第二階段烹調製備	
前置	

	第二階段烹調製備

＊請依題意及菜名烹調製備，規定主副材料不得短少。

1. 炒彩椒鱸魚條	1. 魚條醃漬後裹粉炸定形 2. 魚肉需全熟、魚肉表面著色均勻不可焦黑。 3. 成品不可破碎需呈條狀。 4. 炒後成品需乾爽不可有太多湯汁。 5. 調味規範：需調味，以公共調味料區之調味料自選合宜地使用。
2. 海鮮蔬菜煎餅	1. 成品要全熟。 2. 澱粉與材料比例恰當，成品不可破碎鬆散或有生粉味。 3. 成品直徑 15cm 以上、厚度 1cm 以上，不可煎焦，切成大小相等之 6 片。 4. 表面需有烤肉醬、美乃滋、綠海苔粉、細柴魚片（花）。 5. 調味規範：需調味，以公共調味料區之調味料自選合宜地使用。
3. 蒸蛋	1. 調蛋液蒸成凝固狀態。 2. 需以柴魚、昆布、魚骨頭及蛤蜊製作高湯。 3. 蒸蛋表面要平滑全熟，不可有氣孔。 4. 蒸蛋必須搭配魚板及蛤蜊肉（不可帶殼）。 5. 成品需有 6 盅，每盅不可少於七分滿。 6. 調味規範：需調味，以公共調味料區之調味料自選合宜地使用。

第三階段善後處理

1. 所有剩餘材料配合辦理單位之分類回收規定處理。
2. 善後處理時，除工作崗位（包含檯面、鍋具、工具、地板清潔…等）之清潔整理需完成外，需將評分後之所有器具碗盤清潔與擦拭乾淨歸位並清點數量。

402-B10　炒彩椒鱸魚條、海鮮蔬菜煎餅、蒸蛋

鱸魚	高麗菜	中卷	雞蛋	紅甜椒
黃甜椒	青椒	青蔥	中薑	香菜
培根	細柴魚片（花）	綠海苔粉	麵粉	美乃滋
烤肉醬	蛤蜊	魚板	乾昆布	

受評刀工

不受評刀工

◎ 鱸魚條／高麗菜丁／中卷丁、中卷頭鬚條／青椒條／
　紅、黃甜椒條／中薑片、中薑末／培根丁／魚板片

◎ 蔥斜段／蔥花／細柴魚片（花）／綠海苔粉／美乃滋
　／雞蛋／乾昆布

一、第一階段前製備（80分鐘）

（一）器具清洗

　　1. 請依照 P14 器具清洗流程清洗器具。

　　2. 自公共材料區拿回蒸蛋盅 6 個、標籤紙。

（二）清洗食材與刀工切配

　　請依 P15 食材與刀工切配流程完成食材清洗與
　　刀工處理。

（三）刀工評分後，覆蓋貼標籤入冷藏儲存

　　請依 P15 之流程，完成食材裝保鮮盒或覆蓋保
　　鮮膜，並以標籤紙寫上個人崗位編號、品名、
　　日期（必須含月、日）。

二、第一階段評分（20分鐘）

　　刀工評分後之等待時間，可先進行高湯熬煮、
　　食材醃漬、取用公共區域醬料與公共器具。

三、第二站實作─第二階段烹調製備（60分鐘）

炒彩椒鱸魚條
★★ 402-B10 ★★

 第一階段前製備

▶ 材料

鱸魚 1 尾、紅甜椒 1/2 顆、黃甜椒 1/2 顆、青椒
1/2 顆、青蔥 50 克、中薑 25 克、中筋麵粉 1 杯

▶ 調味料

(1) 鹽 1/2 小匙、胡椒粉 1/4 小匙、米酒 1 大匙
(2) 糖 1 大匙、醬油 2 大匙、胡椒粉 1/4 小匙、
　　米酒 1 杯匙、魚高湯 200c.c.
(3) 香油 1 小匙

第二階段烹調製備流程

1 魚條瀝乾水分與調味料 (1) 醃製抓麻入味

2 魚條入盆粉沾裹麵粉均勻

3 起油鍋燒至 180 度油溫，炸至熟透金黃色

4 熟透後撈起，瀝乾油質

5 鍋中入少許油，爆香薑片與蔥段，再入紅、黃甜椒條及青椒條，微拌炒

6 入調味料 (2) 與高湯開小火拌炒均勻，甜椒熟透

7 再加備用魚條，微拌炒入味

8 起鍋前加入調味 (3)，炒勻即可

402-B10

注意事項

1. 魚肉切割大小要一致，特別注意魚刺是否去除乾淨。
2. 甜椒可不用汆燙也要注意完全熟成，比較有鍋氣，味道較佳。
3. 本道務必取用公共調味料區之調味料入菜，不可清炒以免不合題意。

海鮮蔬菜煎餅

★★ 402-B10 ★★

 第一階段前製備

▶ 材料

中卷 1 隻、培根 1 片、高麗菜 200 克、青蔥 50 克、中薑 25 克、香菜 10 克、雞蛋 1 顆、美乃滋 100 克、細柴魚片 10 克、綠海苔粉 3 克、中筋麵粉 1 杯

▶ 調味料

(1) 鹽 1/2 小匙、胡椒粉 1/8 小匙、糖 1 小匙
(2) 烤肉醬 1 大匙

1 鋼盆入高麗菜丁片、培根丁、中卷丁、蔥花及香菜碎與薑末及調味料 (1) 攪拌均勻

2 再入 1 杯中筋麵粉及水 1/2 杯與蛋液 1 顆均勻攪拌

3 取平底鍋熱鍋潤油，再倒入煎餅蔬菜糊鋪平

4 開小火微煎蓋上鍋蓋，煎至約 3 分鐘微酥，翻面再煎兩面熟透成金黃色

5 熟透盛出放在熟食砧板上並戴上熟食用手套，切割修邊，去掉弧形

6 切成四角成正方形再切成 6 大片後裝盤

7 取鍋擦乾開小火微熱鍋後，關火入細柴魚酥微乾炒至香酥

8 蔬菜餅均勻刷上調味料 (2) 再擠上美乃滋，均勻撒上柴魚絲及海苔粉即可

402-B10

注意事項

1. 煎餅類特別注意火候溫度，不可太大容易燒焦。
2. 在煎時途中可灑上少許水蓋上鍋蓋，增加容易熟成度。
3. 蔬菜餅調合粉與材料及水，特別適中較不易破碎。

蒸蛋
★★ 402-B10 ★★

 第一階段前製備

▶ 材料

蛤蜊 200 克、魚板 60 克、雞蛋 6 顆、柴魚
細片 10 克、乾昆布 10 克

▶ 調味料

鹽 1/2 小匙、味醂 1/2、米酒 1 小匙、冷柴
魚高湯 3 杯

取鋼盆入蛋、高湯與全部調味攪拌均勻

再倒入細濾網過篩蛋液

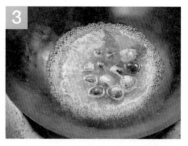
取鍋中柴魚高湯入鍋汆燙 12 顆蛤蜊,煮滾外殼取出蛤蜊肉備用

蒸籠入蒸碗後,入蛤蜊肉各 2 顆

再放入魚板至每盅,取量杯平均倒入蛋液,大約 8 分滿

如蛋液上有浮出氣泡,用餐巾紙吸掉

入蒸籠組,蓋上蒸籠蓋,開小火蒸,預留 1cm 縫隙不可密合

小火蒸至約 15 分鐘即可,檢查是否完全熟透即可

注意事項

1. 柴魚、昆布、鱸魚及蛤蜊高湯作法請參照 P77。
2. 打蛋殼需採用三段式檢查法取蛋液方式。
3. 蒸蛋特別控制火候大小,最好蒸氣上來時關小火,鍋蓋留一小縫讓它透氣對流。
4. 也特別注意蒸蛋規定要使用熬製高湯調製,不然嚴重扣 41 分。
5. 每個考場蒸蛋碗容器及蓋子不一,熟成也有差異,一定要完全熟成。
6. 因接觸熟食,因此若考場無提供瓷湯匙,不鏽鋼湯匙需以酒精消毒過後,方可使用。

402-B10

❶ 蜜排骨	❷ 炸中卷圈	❸ 四季豆炒肉絲

 測試題卡

題序	製備項目	主要刀工	烹調製備法	主材料	副材料組合	備註
1	排骨	塊	燒	排骨 300g 以上（軟骨排）	· 白芝麻 10g 以上 · 檸檬 1 顆 · 蜂蜜適量	蜂蜜置於公共調味料區
2	中卷	切圓圈	炸	中卷 1 隻 200g 以上	· 九層塔 30g 以上 · 雞蛋 1 顆	1. 需附沾醬 2. 麵粉及泡打粉置於公共調味料區 3. 太白粉置於各崗位
3	四季豆	斜片絲	炒	· 四季豆 200g 以上 · 里肌肉 50g 以上	· 鮮木耳 30g 以上 · 紅辣椒 1 根 10g 以上 · 蒜頭 15g 以上	

各階段操作說明

第一階段前製備		
前處理	1. 排骨：洗淨。 2. 中卷：去除腸泥、眼珠、表層膜後洗淨。 3. 四季豆：去蒂粗梗洗淨。 4. 里肌肉：洗淨。 5. 檸檬：洗淨。	6. 九層塔：洗淨去老梗、枯葉。 7. 雞蛋：洗淨。 8. 鮮木耳：洗淨去蒂。 9. 紅辣椒：洗淨去蒂。 10. 蒜頭：洗淨去蒂頭、皮。

受評分刀工成品為排骨、中卷、四季豆、里肌肉、檸檬、九層塔、鮮木耳、紅辣椒、蒜頭，刀工成品置於準清潔區受評後，進行儲存；剩餘材料需留置汙染區檯面受評。

	材料	刀工規格	數量	備註
刀工	排骨	切塊	切完	
	中卷	清肉：切圓圈狀，至少 6 圈以上 頭鬚部：切條，依食材厚度	切完	圈寬 1~1.5cm
	四季豆	切斜片，依食材厚度	切完	
	里肌肉	切絲	40g 以上	
	檸檬	雕飾造型不限、美觀即可	適量	盤飾用，亦可於烹調製備階段切割
	九層塔	取嫩葉		
	鮮木耳	切絲	20g 以上	
	紅辣椒	切絲	切完	
	蒜頭	切片	切完	

儲存	1. 排骨：需覆蓋低溫儲存。
	2. 中卷：需覆蓋低溫儲存。
	3. 四季豆：需覆蓋低溫儲存。
	4. 里肌肉：需覆蓋低溫儲存。
	5. 檸檬：需覆蓋低溫儲存。
	6. 九層塔：需覆蓋低溫儲存。
	7. 鮮木耳：需覆蓋低溫儲存。
	8. 紅辣椒：需覆蓋低溫儲存。
	9. 蒜頭：需覆蓋低溫儲存。
	10. 其他生鮮、蔬果：需覆蓋低溫儲存。

第二階段烹調製備

＊請依上述規定材料與題意內容烹調製備，規定主副材料不得短少。

1. 蜜排骨	1. 醃漬後油炸上色再加入蜂蜜及調味料烹調製備。
	2. 起鍋前撒上炒熟白芝麻。
	3. 檸檬切盤飾。
	4. 調味規範：需調味，以公共調味料區之調味料自選合宜地使用。
2. 炸中卷圈	1. 中卷沾上麵糊炸熟（表層麵糊須均勻完整）。
	2. 九層塔炸酥（不可焦黃）。
	3. 全部成品擺盤。
	4. 需附上複方醬汁之沾醬。
	5. 調味規範：需調味，以公共調味料區之調味料自選合宜地使用。
3. 四季豆炒肉絲	1. 里肌肉絲須醃漬，過油或過水、直接炒皆可。
	2. 四季豆可燙熟或直接炒皆可。
	3. 蒜頭爆香加全部材料、調味料烹調製備。
	4. 調味規範：需調味，以公共調味料區之調味料自選合宜地使用。

第三階段善後處理

1. 所有剩餘材料配合辦理單位之分類回收規定處理。

2. 善後處理時，除工作崗位（包含檯面、鍋具、工具、地板清潔…等）之清潔整理需完成外，需將評分後之所有器具碗盤清潔與擦拭乾淨歸位並清點數量。

排骨

中卷

四季豆

里肌肉

白芝麻

檸檬

蜂蜜

九層塔

雞蛋

麵粉

泡打粉

太白粉

鮮木耳

紅辣椒

蒜頭

材料篇

刀工篇

受評刀工

不受評刀工

◎ 排骨塊／中卷圈、中卷頭鬚條／四季豆斜片／里肌肉絲／檸檬角／九層塔葉／鮮木耳絲／紅辣椒絲／蒜片

◎ 白芝麻／蜂蜜

一、第一階段前製備（80分鐘）

（一）器具清洗

1. 請依照 P14 器具清洗流程清洗器具。

2. 自公共材料區拿回標籤紙。

（二）清洗食材與刀工切配

請依 P15 食材與刀工切配流程完成食材清洗與刀工處理。

（三）刀工評分後，覆蓋貼標籤入冷藏儲存

請依 P15 之流程，完成食材裝保鮮盒或覆蓋保鮮膜，並以標籤紙寫上個人崗位編號、品名、日期（必須含月、日）。

二、第一階段評分（20分鐘）

刀工評分後之等待時間，可先進行高湯熬煮、食材醃漬、取用公共區域醬料與公共器具。

三、第二站實作—第二階段烹調製備（60分鐘）

蜜排骨
★★ 402-B11 ★★

 第一階段前製備

▶ 材料

豬排骨 300 克以上、檸檬 1 顆、白芝麻 10 克

▶ 調味料

(1) 鹽 1/2 小匙、米酒 1 小匙、胡椒粉 1/4 小匙、水 1 大匙、低筋麵粉 2 大匙
(2) 蜂蜜 3 大匙、辣醬油 2 大匙、糖 3 大匙

1 排骨入調理盆，加調味料 (1) 抓麻醃製

2 白芝麻入鍋中開小火乾炒數秒，酥香呈金黃色起鍋備用

3 再起油鍋開中火燒至 180 度，入醃製排骨微炸

4 排骨均勻炸至外表香酥金黃色熟成撈起瀝乾

5 另起鍋子，放入調味料 (2) 小火微炒

6 炒至微香成蜜汁醬濃蜜

7 再放入備用炸好排骨酥攪拌均勻

8 撒上白芝麻，均勻入盤，擺上檸檬做盤飾即可

注意事項

1. 此道菜特別注意，炸排骨的熟成度大小塊要一致，炸時可用剪刀剪開，做檢查是否有全熟。

2. 乾炒白芝麻可先開火熱鍋一下就關火，再入芝麻微炒至香酥即可。

3. 檸檬在清洗後，需以開水沖洗過，再以熟食手法切割，刀工完成後需加保鮮膜覆蓋並入庫，以免遭到汙染。

402-B11

炸中卷圈
★★ 402-B11 ★★

 第一階段前製備

▶ 材料

中卷 1 隻 200 克以上、雞蛋 1 顆、九層塔 30 克

▶ 調味料

(1) 鹽 1/2 小匙、米酒 1 小匙、胡椒粉 1/4 小匙

(2) 中筋麵粉 2/3 杯、太白粉 1/3 杯、泡打粉 1 小匙、沙拉油 1 大匙、白醋 1 小匙、水 1/3 杯

(3) 番茄醬 1 大匙、白醋 1 大匙、糖 1 大匙、冷開水 50c.c.

1 中卷入調理盆,再入調味料(1)醃製抓麻

2 調味料(2)與蛋液入調理盆,打蛋器調成麵糊濃稠度

3 醃製中卷,加入3大匙麵粉攪拌均勻,再入麵糊中沾取

4 起油鍋開中火,燒至180度油溫,再入中卷微炸

5 均勻入炸後,外皮呈金黃色熟透

6 撈起中卷瀝乾油質,放入餐巾紙吸油備用

7 油鍋中開大火燒至200度,再放入九層塔快速炸至微酥,撈起入餐巾紙吸油,再取瓷盤圍邊,中間放入中卷排整齊

8 調味料(3)入調理碗攪拌均勻成醬汁入小碟盤附上菜旁即可

注意事項

1. 調麵糊水可慢慢加入打均勻,不可調得太稀,以免粉衣脫落不完整。

2. 炸物特別注意火侯油溫度數,避免太高過焦。

3. 調味料因直接供餐不再加熱,因此若考場無提供瓷湯匙,不鏽鋼湯匙需以酒精消毒過後,方可用來攪拌。

402-B11

四季豆炒肉絲

 第一階段前製備

▶ 材料

四季豆 200 克、里肌肉 50 克、鮮木耳 30 克、
紅辣椒 1 根、蒜頭 15 克

▶ 調味料

(1) 鹽 1/4 小匙、胡椒粉 1/2 小匙、米酒 1 小匙、
太白粉 1 小匙、水 2 大匙

(2) 鹽 1/2 小匙、胡椒粉 1/4 小匙、蠔油 1 小匙、
水 3 大匙

(3) 香油 1 小匙

里肌肉絲入調理盆，再入調味料 (1) 醃製抓麻

鍋中油燒至 120 度，入醃好肉絲過油 10 秒鐘撈起瀝乾油質備用

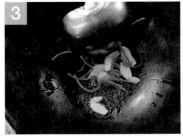

鍋中入 2 大匙油爆香蒜片、辣椒絲

放入四季豆片與木耳絲，開中火微炒熟成

加入調味料 (2) 開大火快炒均勻

再放入備用肉絲拌炒數下，後入調味料 (3) 炒勻，盛盤即可

402-B11

注意事項

1. 四季豆切成 6cm 斜片，即可入調理盆泡水避免變黑氧化。
2. 炒四季豆可直接入鍋拌炒，不用汆燙比較有四季豆鍋氣香味。

❶ 燒咖哩魚塊

❷ 炸地瓜條

❸ 蛋包飯

 測試題卡

題序	製備項目	主要刀工	烹調製備法	主材料	副材料組合	備註
1	吳郭魚	取魚菲力切塊	燒	吳郭魚 1 尾 600g 以上	· 洋蔥 (1)1/2 顆 100g 以上 · 紅蘿蔔 (1)50g 以上 · 紅蘋果 1 顆 80g 以上 · 馬鈴薯 70g 以上	
2	地瓜	切條	炸	地瓜 1 顆 300g 以上		需裹粉
3	米	切粒（副材料）	煮炒	白米 200g 以上	· 里肌肉 50g 以上 · 洋蔥 (2)1/4 顆 50g 以上 · 紅蘿蔔 (2)50g 以上 · 豌豆仁 30g 以上 · 番茄醬適量	番茄醬置於公共調味料區
	雞蛋		煎	雞蛋 4 顆		

各階段操作說明

第一階段前製備	
前處理	1. 吳郭魚：洗淨後去除魚鱗、魚鰓、內臟…等。 2. 地瓜：洗淨去皮。 3 米：洗淨後泡水。 4. 雞蛋：洗淨。 5. 洋蔥：洗淨後去頭、尾、皮。 6. 紅蘿蔔：洗淨去蒂頭、尾、皮。 7. 紅蘋果：洗淨後去皮。 8. 馬鈴薯：洗淨後去皮。 9. 里肌肉：洗淨。 10. 豌豆仁：洗淨。

| 刀工 | 受評分刀工成品為魚塊、地瓜、洋蔥 (1)(2)、紅蘿蔔 (1)(2)、紅蘋果、馬鈴薯、里肌肉，刀工成品置於準清潔區受評後，進行儲存；剩餘材料需留置汙染區檯面受評，魚骨可先熬製高湯備用。 |

材料	刀工規格	數量	備註
吳郭魚	取魚菲力後切塊	魚塊 12 塊以上	取完魚菲力後，殘留於魚骨上之魚肉不可超過全部魚肉之 5%
地瓜	切條	切完，12 條以上	
洋蔥 (1)	切片	6 片以上	
紅蘿蔔 (1)	切塊	切完	
紅蘋果	切塊	切完	
馬鈴薯	切塊	切完	
里肌肉	切粒	切完	
洋蔥 (2)	切粒	切完	
紅蘿蔔 (2)	切粒	切完	

儲存	1. 魚塊：需覆蓋低溫儲存。 2. 地瓜：需覆蓋低溫儲存。 3. 洋蔥：需覆蓋低溫儲存。 4. 紅蘿蔔：需覆蓋低溫儲存。 5. 紅蘋果：需覆蓋低溫儲存。 6. 馬鈴薯：需覆蓋低溫儲存。 7. 豬肉：需覆蓋低溫儲存。 8. 其他生鮮、蔬果：需覆蓋低溫儲存。

第二階段烹調製備	

＊請依上述規定材料與題意內容烹調製備，規定主副材料不得短少。

1. 燒咖哩魚塊	1. 魚塊先調味醃製。 2. 裹粉油炸，再以魚高湯燒製入味。 3. 成品需全熟，不可破碎、燒焦。 4. 調味規範：需以咖哩粉調味，其他以公共調味料區之調味料自選合宜使用。
2. 炸地瓜條	1. 地瓜需裹粉。 2. 成品需全熟，不可焦黑、碎裂。 3. 調味規範：需調味，以公共調味料區之調味料自選合宜使用。
3. 蛋包飯	1. 成品須全熟，不可焦黑。 2. 飯必須加入副材料與蕃茄醬拌炒均勻。 3. 蛋包飯每卷內餡需 200g 以上、蛋皮不可破碎或裂開 20% 以上，蛋皮需包捲內餡，成品需有 2 卷（分為 2 盤盛裝）。 4. 調味規範：必須加入蕃茄醬，其他以公共調味料區之調味料自選合宜使用。

第三階段善後處理	

1. 所有剩餘材料配合辦理單位之分類回收規定處理。
2. 善後處理時，除工作崗位（包含檯面、鍋具、工具、地板清潔…等）之清潔整理需完成外，需將評分後之所有器具碗盤清潔與擦拭乾淨歸位並清點數量。

材料篇

吳郭魚

地瓜

白米

雞蛋

洋蔥

紅蘿蔔

紅蘋果

馬鈴薯

里肌肉

豌豆仁

番茄醬

刀工篇

受評刀工

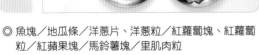

◎ 魚塊／地瓜條／洋蔥片、洋蔥粒／紅蘿蔔塊、紅蘿蔔粒／紅蘋果塊／馬鈴薯塊／里肌肉粒

不受評刀工

◎ 豌豆仁／白米／雞蛋

一、第一階段前製備（80分鐘）

（一）器具清洗

　　1. 請依照 P14 器具清洗流程清洗器具。

　　2. 自公共材料區拿回標籤紙。

（二）清洗食材與刀工切配

　　請依 P15 食材與刀工切配流程完成食材清洗與刀工處理。

（三）刀工評分後，覆蓋貼標籤入冷藏儲存

　　請依 P15 之流程，完成食材裝保鮮盒或覆蓋保鮮膜，並以標籤紙寫上個人崗位編號、品名、日期（必須含月、日）。

二、第一階段評分（20分鐘）

　　刀工評分後之等待時間，可先進行高湯熬煮、食材醃漬、取用公共區域醬料與公共器具。

三、第二站實作—第二階段烹調製備（60分鐘）

燒咖哩魚塊
★★ 402-B12 ★★

 第一階段前製備

▶ 材料

吳郭魚 1 尾、洋蔥 1/2 顆、紅蘿蔔 50 克、
紅蘋果 1 顆、馬鈴薯 70 克

▶ 調味料

(1) 鹽 1/2 小匙、胡椒粉 1/4 小匙、米酒 1 小
　　匙、低筋麵 1 大匙

(2) 太白粉 5 大匙

(3) 鹽 1 小匙、糖 1 大匙、咖哩 1 大匙、番
　　茄醬 1 大匙、魚高湯 2 杯

1 魚塊瀝乾入調理盆，加入調味料 (1) 醃製

2 魚塊醃製後，取出並均勻沾上調味料 (2)

3 起油鍋，開中火燒至 180 度油溫，再放入魚塊炸

4 魚塊炸至外酥呈金黃色，撈起瀝乾油質

5 馬鈴薯塊、紅蘿蔔塊，同入油鍋，中火 180 度，炸至微上色撈起備用

6 另起鍋子，入 1 大匙油，爆香洋蔥片微香

7 再放入調味料 (3) 炒煮成咖哩醬汁，先入馬鈴薯塊與紅蘿蔔塊及蘋果塊，開小火慢煮約 8 分鐘以上

8 熟透後再入備用炸好魚片，微煮收汁即可盛盤

注意事項

1. 咖哩粉入鍋以小火微炒，避免粉狀容易焦掉。
2. 馬鈴薯為澱粉食材，煮時特別注意過熟容易黏鍋，可開小火蓋上鍋蓋悶煮。
3. 此道菜必須採用魚高湯烹煮，避免嚴重扣 41 分。
4. 馬鈴薯、魚塊和紅蘿蔔塊較厚，務必剪開檢查有無全熟。

402-B12

炸地瓜條

★★ 402-B12 ★★

 第一階段前製備

▶ 材料

地瓜 1 顆（需 300 克以上）、低筋麵粉 2 大匙、太白粉 1/2 杯

▶ 調味料

鹽 1/3 小匙、胡椒粉 1 小匙

第二階段烹調製備流程

1

地瓜條入調理盆，撒上少許水分後拌上低筋麵均勻後全面沾上太白粉

2

起油鍋，開中小火燒至 160 度油溫，再入地瓜條微炸

3

全部入鍋，均勻炸至全熟透呈金黃色，撈起瀝乾油質

4

放入餐巾紙盤上吸油

5

大瓷碗入全部調味料攪拌均勻，再入炸好地瓜條拌勻，地瓜條拌勻胡椒鹽後即可盛盤

注意事項

1. 地瓜外表形狀不均勻，切割必須注意切工大小尺寸。

2. 切割後可入盆清洗泡水避免氧化變黑。

3. 炸時可開小火慢炸，避免未熟成或油溫過高炸至老掉。

4. 胡椒鹽因直接供餐不再加熱，因此若考場無提供瓷湯匙，不鏽鋼湯匙需以酒精消毒過後，方可用來攪拌。

402-B12

蛋包飯
★★ 402-B12 ★★

 第一階段前製備

▶ **材料**

白米 200 克以上、豬里肌肉 50 克、豌豆仁 30 克、洋蔥 1/4 顆、紅蘿蔔 50 克、雞蛋 4 顆

▶ **調味料**

(1) 鹽 1/4 匙、米酒 1 小匙
(2) 番茄醬 3 大匙、鹽 1/2 小匙、胡椒粉 1 小匙

第二階段烹調製備流程

白米洗淨用濾網瀝乾水分

以米比水 1：0.8 比例放水，浸泡 10 分鐘，電鍋外鍋放入 0.8 杯水悶煮

取雞蛋以三段式打法檢查，取蛋液入調理盆加入調味料 (1) 攪拌後過濾

鍋中熱鍋後，5 大匙油潤鍋倒出，開小火紙巾擦拭一下後，倒入一半蛋液微煎，轉鍋蛋液至 20cm 圓形蛋皮

煎至微酥熟成起鍋，共需煎出兩張蛋皮入瓷圓弧碗

起鍋入 2 大匙油，爆香洋蔥粒、紅蘿蔔粒後，入里肌肉粒炒香

再入煮好白飯拌炒後，入調味料 (2) 及豌豆仁，拌炒均勻熟成

手戴上衛生手套，用大炒匙取一半炒飯，入蛋皮中

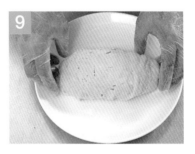

雙手折起蛋皮兩側包起炒飯，包成橄欖形狀入盤，再以同樣手法包起另一個入盤

注意事項

1. 特別注意煮飯時泡製米水不可泡太久，避免煮出來米飯太軟爛。

2. 煎蛋皮鍋中潤油鍋較不會蛋皮黏鍋。

3. 注意打蛋殼一定要用三段式手法檢查蛋液及蛋液需過細濾網過濾。

4. 蛋液需充分攪拌將蛋白打散，若蛋白無法打散請將蛋液過篩，以免蛋皮表面有白色顆粒影響外觀。

402-B12

FOOD

Part *06*

食物製備單一級
技能檢定

學科測試試題

21800 食物製備 單一級 學科試題

工作項目 01：認識食材

( ) 1. 下列乾海參，何者品質最佳？　(1) 原乾海參　(2) 淡乾海參　(3) 鹽乾海參　(4) 糖乾海參。　　1

( ) 2. 燕窩中有官燕之稱的為　(1) 黃燕窩　(2) 白燕窩　(3) 血燕窩　(4) 草燕窩。　　2

( ) 3. 鮑魚的等級按每斤有幾　(1) 隻　(2) 頭　(3) 粒　(4) 包　為單位數計。　　2

( ) 4. 花膠蘊含極度豐富的天然膠原蛋白、鈣、鐵、磷質，亦即四大補品中之何者？　(1) 鮑魚　(2) 海參　(3) 魚翅　(4) 魚肚（鰾）。　　4

( ) 5. 開陽白菜所指的開陽是　(1) 蝦醬　(2) 小魚乾　(3) 蝦米　(4) 紅蔥。　　3

( ) 6. 捲心菜植物學上稱結球甘藍，在臺灣俗稱　(1) 高麗菜　(2) 洋白菜　(3) 圓白菜　(4) 蓮花菜。　　1

( ) 7. 高麗菜原產地在歐洲，臺灣在荷蘭人佔據時引進栽培，生長在較為涼爽的氣候，生長期為 2~3 個月，盛產於下列哪一個季節？　(1) 春季　(2) 夏季　(3) 秋季　(4) 冬季。　　4

( ) 8. 南瓜在中國各地都有栽種，其嫩果味甘適口，是何種季節的瓜菜之一？　(1) 夏秋　(2) 春夏　(3) 秋冬　(4) 冬春。　　1

( ) 9. 「青蔥」屬於哪一類蔬菜？　(1) 根莖類　(2) 花果類　(3) 葉菜類　(4) 莖球類。　　3

( ) 10. 「蒜頭」屬於哪一類蔬菜？　(1) 根莖類　(2) 花果類　(3) 葉菜類　(4) 莖球類。　　4

( ) 11. 下列何者非屬果菜類？　(1) 蕃茄　(2) 甜椒　(3) 茄子　(4) 白蘿蔔。　　4

( ) 12. 菠菜是冬季盛產的蔬菜，屬於　(1) 根莖類　(2) 花果類　(3) 葉菜類　(4) 莖球類。　　3

( ) 13. 下列何者不屬於根莖類？　(1) 茭白筍　(2) 蘆筍　(3) 洋蔥　(4) 芹菜。　　4

( ) 14. 植物成長期間呈現紅色、綠色、紫色變化的原因，主要是因為含有　(1) 花青素　(2) 類胡蘿蔔素　(3) 維生素　(4) 葉綠素。　　1

( ) 15. 下列何項食材所含「類胡蘿蔔素」最多？ (1) 紅心地瓜 (2) 菠菜 (3) 洋蔥 (4) 高麗菜。   1

( ) 16. 有「美人腿」之稱的蔬菜是下列何者？ (1) 白蘿蔔 (2) 白蘆筍 (3) 白山藥 (4) 茭白筍。   4

( ) 17. 有「湯匙菜」之稱的蔬菜是下列何者？ (1) 青江菜 (2) 菠菜 (3) 芥蘭菜 (4) 油菜。   1

( ) 18. 俗稱「馬蹄」的蔬菜是？ (1) 薺 (2) 菱角 (3) 蓮藕 (4) 水蓮。   1

( ) 19. 哪一個季節所產的孟宗竹筍品質最佳？ (1) 春季 (2) 夏季 (3) 秋季 (4) 冬季。   4

( ) 20. 臺灣綠竹筍盛產的季節是？ (1) 春夏季 (2) 夏秋季 (3) 秋冬季 (4) 冬春季。   1

( ) 21. 下列哪一種筍的用途最廣？ (1) 麻竹筍 (2) 綠竹筍 (3) 桂竹筍 (4) 箭筍。   1

( ) 22. 有「紅嘴綠鸚哥」之稱的是下列何者？ (1) 茄子 (2) 雞心辣椒 (3) 紅鳳菜 (4) 菠菜。   4

( ) 23. 蒟蒻是由下列哪一種植物製成？ (1) 昆布 (2) 樹薯 (3) 妖芋（魔芋） (4) 大甲芋。   3

( ) 24. 綠豆經發芽後稱為下列何者？ (1) 苜蓿芽 (2) 荳苗 (3) 豆芽菜 (4) 銀芽。   3

( ) 25. 有「冬筍」之稱的是下列何者？ (1) 麻竹筍 (2) 綠竹筍 (3) 桂竹筍 (4) 孟宗竹筍。   4

( ) 26. 種植下列何種蔬菜需在栽種過程中遮蔽光線，使其不能行光合作用？ (1) 韭菜花 (2) 九層塔 (3) 蒜苗 (4) 韭黃。   4

( ) 27. 薑依不同的生長時期，其排列順序為何？ (1) 嫩薑、粉薑、老薑、薑母 (2) 粉薑、嫩薑、薑母、老薑 (3) 粉薑、薑母、嫩薑、老薑 (4) 薑母、老薑、粉薑、嫩薑。   1

( ) 28. 薑在幼嫩時期不採收，任其成長，外皮由黃白色轉為土黃色，這時口感最細緻，即為 (1) 粉薑 (2) 老薑 (3) 薑母 (4) 嫩薑。   1

( ) 29. 魚貝類又稱為動物澱粉，其碳水化合物含量不高，主要以下列何者為主？ (1) 蛋白質 (2) 肝醣 (3) 酵素 (4) 膠原蛋白 ，並受種類、營養狀態、生長環境、季節影響而有所不同。   2

( ) 30. 鯖魚在秋冬季節或產卵期附近，脂肪含量 (1) 最高 (2) 中等 (3) 最低 (4) 不會產生變化。   1

( ) 31. 魚之魚皮、鰓及腸道附著的微生物，在下列何種條件容易滋長？ (1) 冷藏冰箱 (2) 冷凍庫 (3) 室溫 (4) 冰水裡。   3

( ) 32. 海膽呈略圓的五角型，棘短而尖銳，呈白色或赤褐色，可製成海膽醬，富含鈣、磷、維生素 A 及 B_2，其食用部位為下列何者？ (1) 卵巢 (2) 海膽肉 (3) 棘 (4) 唾液。   1

( ) 33. 下列何者是淡水蟹，以江蘇省陽澄湖產的為上選，其蟹肉鮮美，蟹膏甘甜美味？ (1) 紅蟳 (2) 三點蟹 (3) 花蟹 (4) 大閘蟹。   4

( ) 34. 魚類與人類一樣具有心臟、肝、腸等內臟器官，但由於生活於水中，有兩個特殊的器官，鰓是呼吸器官，而下列何者則充滿氣體，供浮力之用？ (1) 鰭 (2) 鰾 (3) 觸鬚 (4) 魚鱗。   2

( ) 35. 蛤俗稱蚶仔或粉堯，含有可分解維生素 B_1 的酵素，不宜生食，其呈味物質為琥珀酸，屬哪一類的生物？ (1) 斧足類 (2) 腹足類 (3) 甲殼類 (4) 棘皮類。   1

( ) 36. 下列何者俗稱花枝、墨魚，體呈卵圓而扁平，二側有脂鰭？ (1) 魷魚 (2) 章魚 (3) 軟絲 (4) 烏賊。   4

( ) 37. 食用魚類如丁香魚及吻仔魚時連骨共同進食，可獲得極豐富的 (1) 鈣質 (2) 鐵質 (3) 蛋白質 (4) 碘 ，製成小魚乾效果則更好。   1

( ) 38. 頭足類之烏賊沒有外殼，有一個含鈣的內殼，是由海綿體形成，負責控制 (1) 生長 (2) 消化 (3) 浮力 (4) 呼吸。   3

( ) 39. 下列何種魚具有洄游性，與鮭魚類似？ (1) 鱸魚 (2) 魟魚 (3) 吳郭魚 (4) 鰻魚。   4

( ) 40. 下列何者之特色為外殼有美麗的紋路，生長在距海岸線 2000 公尺的平坦海域，並俗稱為海瓜子？ (1) 淡菜 (2) 牡蠣 (3) 花蛤 (4) 蜆。   3

( ) 41. 魚類富含蛋白質，且飽和脂肪含量低，膽固醇、鈉、熱量也不高，所含有的營養素，除了對人腦智力發展有助益外，在預防下列何種疾病方面，更有顯著的效果？ (1) 慢性下呼吸道 (2) 心臟血管 (3) 腎炎 (4) 糖尿病。   2

( ) 42. 牡蠣俗稱蚵仔或蠔，為臺灣最重要的淺海養殖經濟貝類，其營養豐富，胺基酸組成完整，脂肪含多量 EPA 及 DHA，以及多量肝醣、牛磺酸、鐵質和維生素 B1，在歐美有下列何者之稱？ (1) 海牛乳 (2) 海羊乳 (3) 海芙蓉 (4) 海琥珀。   1

( ) 43. 鋸緣青蟹亦稱為青蟳，受精後的雌性鋸緣青蟹又稱為紅蟳，而雄性的鋸緣青蟹則稱為 (1) 花蟳 (2) 點蟳 (2) 菜蟳 (4) 石蟳。   3

（　）44. 魚類比畜產品容易腐敗，下列何者為魚類易腐敗原因之一？　(1) 水分含量少　(2) 肌肉纖維長　(3) 結締組織多　(4) 脂質中含較多的多元不飽和脂肪酸。　　4

（　）45. 近幾年約佔我國漁業漁獲量的六至七成左右的是　(1) 近海漁業　(2) 遠海漁業　(3) 沿海漁業　(4) 海釣漁業。　　2

（　）46. 下列何者其特徵為背部有九條白色橫帶，天然捕獲者體色呈暗褐色，養殖者則呈草綠色？　(1) 草蝦　(2) 龍蝦　(3) 櫻花蝦　(4) 河蝦。　　1

（　）47. 禽畜類中，何者含飽和脂肪酸較少？　(1) 牛　(2) 羊　(3) 豬　(4) 雞鴨。　　4

（　）48. 肉類中，何者含鐵質較高？　(1) 鴨　(2) 豬　(3) 雞　(4) 魚。　　1

（　）49. 何種色澤的肉最不新鮮？　(1) 鮮紅色　(2) 褐色　(3) 藍綠色　(4) 暗褐色。　　3

（　）50. 肉品經過高溫加熱烹煮後，約失重多少百分比？ (1) 40%　(2) 45%　(3) 25%　(4) 35%，加熱愈久失重愈多。　　4

（　）51. 蹄膀位於豬的哪個部位？　(1) 前腳　(2) 後腳　(3) 尾部　(4) 前胸。　　2

（　）52. 豬膝蓋位於豬的哪個部位？　(1) 前腳關節　(2) 腳掌　(3) 後腳關節　(4) 內部。　　3

（　）53. 三層肉位於豬的哪個部位？　(1) 腹脅　(2) 背部　(3) 後腿部　(4) 前胸。　　1

（　）54. 胛心肉位於豬的哪個部位？　(1) 前腿　(2) 後腿　(3) 中段背部　(4) 腹部。　　1

（　）55. 胗是禽類的？　(1) 消化器官　(2) 分泌器官　(3) 生殖器官　(4) 化油器官。　　1

（　）56. 西餐的培根是用下列何者製作？　(1) 牛腹肉　(2) 豬腹肉　(3) 牛背肉　(4) 豬背肉。　　2

（　）57. 牛肉中俗稱的「和尚頭」是位於牛的　(1) 後腿股肉　(2) 背肩肉　(3) 臀肉　(4) 腰脊肉。　　1

（　）58. 帶骨紐約克是位於牛的哪個位置？　(1) 後腿內側肉　(2) 帶骨前腰脊肉　(3) 腹脅肉　(4) 肩胛肉。　　2

（　）59. 所謂的牛菲力指的是　(1) 上里肌肉　(2) 肩胛軟肉　(3) 內里肌肉　(4) 頸部肉。　　3

（　）60. 黃豆加工後不可製成下列何者？　(1) 豆皮　(2) 豆花　(3) 豆腐　(4) 甜麵醬。　　4

（　）61. 蛋黃醬（沙拉醬）是以下列哪些材料製成？　(1) 豬油、蛋、醋　(2) 牛油、蛋、醋　(3) 奶油、蛋、醋　(4) 沙拉油、蛋、醋。　　4

( ) 62. 中餐烹調使用的醋大多由下列何者發酵製造？ (1) 米 (2) 水果 (3) 花草 (4) 玉米。 　1

( ) 63. 肉毒桿菌中毒風險較高的食品為何？ (1) 花生等低酸性罐頭 (2) 加亞硝酸鹽的香腸與火腿 (3) 真空包裝冷藏素肉、豆干等 (4) 自製醃肉、自製醬菜等醃漬食品。 　4

( ) 64. 為避免肉毒桿菌中毒，下列敘述何者正確？ (1) 罐頭只要無膨罐情形，即使生鏽或凹陷也可以食用 (2) 開啟罐頭後如發覺有異味時，煮過即可食用 (3) 自行醃漬食品食用前，應煮沸至少 10 分鐘且要充分攪拌 (4) 真空包裝食品，無須經過高溫高壓殺菌，銷售及保存時也無需冷藏。 　3

( ) 65. 不同的配方可做出各種不同風味的巧克力，但其不含下列何者？ (1) 可可粉（漿） (2) 糖 (3) 油脂 (4) 蛋。 　4

( ) 66. 乾貨類食材中的「雪菜」，指的是下列何種材料的醃製品？ (1) 小芥菜 (2) 金針菜 (3) 竹笙 (4) 筍子。 　1

( ) 67. 梅乾菜是由何種菜醃製而成？ (1) 雪菜 (2) 小芥菜 (3) 芥蘭菜 (4) 高麗菜。 　2

( ) 68. 豆腐腦又名 (1) 百頁豆腐 (2) 豆皮 (3) 豆漿 (4) 豆花。 　4

( ) 69. 黴菌毒素容易存在於 (1) 家禽類 (2) 魚貝類 (3) 穀類 (4) 內臟類。 　3

( ) 70. 為保持奶類新鮮，較適合的冷藏溫度為何？ (1) 10~12℃ (2) 5~7℃ (3) 22~24℃ (4) 0~-8℃。 　2

( ) 71. 下列何者非為奶類？ (1) 乾酪 (2) 調味乳 (3) 奶油 (4) 豆漿。 　4

( ) 72. 食用油若長時間高溫加熱 (1) 能殺菌而容易保存 (2) 增加油色之美觀 (3) 增長使用期限 (4) 會產生有害物質。 　4

( ) 73. 下列何者非由黃豆製成？ (1) 沙拉油 (2) 蔭油 (3) 醬油 (4) 番茄醬。 　4

( ) 74. 下列何者不是加工蛋品？ (1) 鹹蛋 (2) 皮蛋 (3) 雞蛋 (4) 鐵蛋。 　3

( ) 75. 雞蛋含有人體需要的幾乎所有的營養物質，其蛋白質對肝臟組織損傷有修復作用，營養學家稱之為 (1) 完全蛋白質模式 (2) 半完全蛋白質模式 (3)1/4 完全蛋白質模式 (4) 不完全蛋白質模式。 　1

( ) 76. 何種營養素是人體細胞的主要組成物質，更是生命活動中第一重要的物質？ (1) 蛋白質 (2) 維生素 (3) 醣類 (4) 脂肪。 　1

( ) 77. 下列何種豆腐非由黃豆製成？ (1) 凍豆腐 (2) 傳統豆腐 (3) 火鍋豆腐 (4) 杏仁豆腐。 　4

( ) 78. 下列何者為鈣質最佳來源？ (1) 牛奶 (2) 蔬菜 (3) 水果 (4) 蛋。 **1**

( ) 79. 有關「蛋白質」的敘述，下列何者錯誤？ (1) 其食物來源為奶、蛋、魚、肉、豆類 (2) 能形成抗體，增強抵抗力 (3) 能修補體內組織，缺乏會影響發育 (4) 攝取量無限制。 **4**

( ) 80. 蛋類最容易有下列何種污染？ (1) 金黃色葡萄球菌 (2) 沙門氏桿菌 (3) 螺旋桿菌 (4) 大腸桿菌。 **2**

( ) 81. 老豆腐又稱為 (1) 凍豆腐 (2) 嫩豆腐 (3) 軟豆腐 (4) 硬豆腐。 **4**

( ) 82. 一條豬共有幾個膝蓋？ (1) 4 個 (2) 3 個 (3) 2 個 (4) 1 個。 **3**

( ) 83. 所有禽畜類中，請由高至低依序排列出其單位脂肪含量。 (1) 豬、牛、羊、鴨、鵝 (2) 牛、羊、豬、鴨、鵝 (3) 豬、羊、鵝、牛、鴨 (4) 羊、牛、豬、鴨、鵝。 **3**

( ) 84. 豬的哪個部位最適合用來製作燒臘的烤叉燒肉？ (1) 後腿肉 (2) 里肌肉 (3) 梅花肉 (4) 胛心肉。 **3**

( ) 85. 一般業界常用的油雞是 (1) 公雞 (2) 母雞 (3) 閹雞 (4) 童子雞。 **2**

( ) 86. 腰內肉是豬的哪個部位？ (1) 小里肌 (2) 老鼠肉 (3) 腱子肉 (4) 梅花肉。 **1**

( ) 87. 牛有幾個胃？ (1) 4 個 (2) 3 個 (3) 2 個 (4) 1 個。 **1**

( ) 88. 金華火腿是用豬的何部位製作的？ (1) 全前腿 (2) 後全腿 (3) 蹄膀 (4) 前半腿。 **2**

( ) 89. 下列何種油脂產品最不適合用於油炸？ (1) 沙拉油 (2) 豬油 (3) 棕櫚油 (4) 酥油。 **1**

( ) 90. 下列何者最不容易造成油炸油劣變？ (1) 豆腐等高水分食品 (2) 海鮮等高不飽和脂肪食品 (3) 腰果 (4) 雞排等裹粉食品。 **3**

( ) 91. 酥油（烤酥油、起酥油）的特性為 (1) 耐炸程度低於大豆油 (2) 來源為均為動物油 (3) 因耐炸程度高，適合作為油炸油 (4) 有添加乳化劑，不適於製作烘焙點心。 **3**

( ) 92. 料理所使用的乾魚皮是何種魚的皮？ (1) 土魠 (2) 鮭魚 (3) 河豚 (4) 鯊魚。 **4**

( ) 93. 香辛料中，番紅花主要功能為何？ (1) 著色賦香 (2) 除臭 (3) 辣味 (4) 營養強化。 **1**

( ) 94. 所謂的下水指的是禽類的 (1) 內臟 (2) 腳 (3) 屁股 (4) 頸部。 **1**

( )　95.　所謂「閹雞」是用哪種雞來閹的？　(1) 母雞　(2) 油雞　(3) 公雞　(4) 成雞。　3

( )　96.　仿土雞指的是　(1) 肉雞與土雞的混合種　(2) 有運動的肉雞　(3) 關在籠子養的土雞　(4)5 個月的成雞。　1

( )　97.　一粒雞蛋的蛋白，佔整個蛋的比例大約是多少？　(1) 55%~65%　(2) 45%~50%　(3) 35%~40%　(4) 70%~75%。　1

( )　98.　牛最常運動到的肌肉是哪個部位？　(1) 肚肉　(2) 臀肉　(3) 肩肉　(4) 腱子肉。　4

( )　99.　牛有四個肚（胃），其中哪個非常少甚至不用來料理？　(1) 肚板　(2) 反芻肚　(3) 蜂巢肚　(4) 毛肚。　2

( )　100.　有關區別乾黑木耳真仿優劣的敘述，下列何者正確？　(1) 品質好的木耳乾摸起來較乾燥、重量較輕，假的木耳則較潮溼、重量稍重　(2) 可透過味道來分辨，嘗起來清香無怪味，若有鹹味，則可能是有些商家會將木耳浸泡明礬，以增加份量來欺騙消費者　(3) 若有澀味，則可能是浸泡過鹽水，對身體恐有害　(4) 可以透過泡水來分辨木耳的好壞，品質越好的木耳泡水後膨脹越大，差的則反之。　4

( )　101.　植物奶油成分不含下列何者？　(1) 玉米粉　(3) 水　(4) 鹽　(4) 大豆。　4

( )　102.　奶油裡亦含有多種飽和脂肪酸，這是對血管有害的脂肪酸，患有何種疾病之患者忌食，或是少吃為佳？　(1) 高血壓　(2) 青光眼　(3) 痛風　(4) 低血壓。　1

( )　103.　雞蛋的蛋黃中之何種成分對神經系統和身體發育有很大的作用？　(1) 卵磷脂　(2) 葉酸　(3) 菸鹼酸　(4) 蛋白質。　1

( )　104.　蛋白質攝取過量，對人體會有以下何種影響？　(1) 血壓不穩定　(2) 增加心臟的負荷　(3) 引發便秘　(4) 供給熱能。　3

( )　105.　蛋白質攝取不足，對人體會有以下何種影響？　(1) 促進肝功能　(2) 消化不良　(3) 肌肉發達　(4) 促進新陳代謝。　2

( )　106.　下列何種食物是鈣質的良好來源？　(1) 豆芽　(2) 淺色蔬菜　(3) 麵粉　(4) 小魚乾。　4

( )　107.　黃豆蛋白質的性質具有　(1) 溶油性　(2) 促進或抑制吸收性　(3) 光合作用　(4) 美白作用。　2

( )　108.　依黃豆食品分類，無以下何者？　(1) 結晶產品　(2) 結塊產品　(3) 發芽製品　(4) 流體產品。　1

( ) 109. 食材製成乾貨目的不包含　(1) 延長保存　(2) 體積變大　(3) 增加風味　(4) 配合烹調。 2

( ) 110. 何種維生素在雞心中含量最高，幾乎為各種肉類、內臟類之冠？　(1) 維生素 A　(2) 維生素 B　(3) 維生素 E　(4) 維生素 D。 1

( ) 111. 可利用雞蛋的起泡性、乳化性以及何種特性製作點心麵包料理？　(1) 發酵性　(2) 收縮性　(3) 熱凝固性　(4) 延展性。 3

( ) 112. 下例何種蛋比雞蛋的膽固醇要高？　(1) 火雞蛋　(2) 珠雞蛋　(3) 土雞蛋　(4) 烏骨雞蛋。 1

( ) 113. 肉類是哪種礦物質的良好來源？　(1) 鐵　(2) 鈣　(3) 鋅　(4) 鎂。 1

( ) 114. 肉類的主要成份除了水份，脂肪外還含有哪種主要成份？　(1) 醣類　(2) 蛋白質　(3) 纖維質　(4) 鈣質。 2

( ) 115. 漁穫物的種類相當多樣化，下列何者非屬之？　(1) 頭足類　(2) 棘皮類　(3) 貝類　(4) 結球類。 4

( ) 116. 有關生鮮魚類的特性，何者正確？　(1) 水產類比蔬果產品更容易保鮮　(2) 秋刀魚、鯖魚屬於淡水魚　(3) 淡水魚易感染寄生蟲，食用時宜完全煮熟　(4) 漁獲供應穩定。 3

( ) 117. 新鮮魚類的特徵為　(1) 眼睛混濁　(2) 魚鰓翻開呈現暗褐色　(3) 腹部容易破裂　(4) 觸摸起來堅實有彈性。 4

( ) 118. 新鮮的蝦類會呈現下列何種情形？　(1) 蝦頭顏色變黑　(2) 頭部鬆弛甚至脫落　(3) 色澤暗沉，花紋清晰　(4) 肉質結實有彈性。 4

( ) 119. 關於鰹魚之敘述，何者為非？　(1) 又稱煙仔　(2) 可製成柴魚片　(3) 分布於全球各大洋溫暖海域　(4) 屬於頭足類。 4

( ) 120. 花枝又稱為烏賊或　(1) 章魚　(2) 中卷　(3) 透抽　(4) 墨魚。 4

( ) 121. 有關軟絲的特性，下列何者正確？　(1) 具有 6 隻粗腕大吸盤　(2) 又稱為小卷　(3) 鰭跟身體一樣長　(4) 體內有硬殼。 3

( ) 122. 魚貝類比農產品及畜產品容易腐敗，何者是魚貝類具此特性主要原因？　(1) 水分含量少　(2) 肌肉纖維長　(3) 結締組織多　(4) 脂質中含較多多元不飽和脂肪酸。 4

( ) 123. 牡蠣別稱為蠔或是下列何者？　(1) 蛤仔　(2) 蚵仔　(3) 蜆仔　(4) 海羊乳。 2

( ) 124. 魚類與人類一樣具有心臟、肝，以及何種內臟器官？　(1) 腸子　(2) 脾臟　(3) 鰭　(4) 鰓。 1

( ) 125. 下列蔬菜何者屬於根莖類？ (1) 波菜 (2) 萵苣 (3) 山藥 (4) 番茄。　　3

( ) 126. 富含澱粉質的蔬菜有哪些？ (1) 馬鈴薯 (2) 竹筍 (3) 番茄 (4) 洋蔥。　　1

( ) 127. 果菜類包含冬瓜、南瓜以及下列何者？ (1) 胡蘿蔔 (2) 洋蔥 (3) 薑 (4) 茄子。　　4

( ) 128. 下列蔬菜的食用部位屬於葉菜類有哪些？ (1) 玉米 (2) 波菜 (3) 花椰菜 (4) 蘆筍。　　2

( ) 129. 下列何者為莖菜類？ (1) 茄子 (2) 地瓜 (3) 空心菜 (4) 茭白筍。　　4

( ) 130. 類胡蘿蔔素為脂溶性色素之統稱，廣存於黃色、橘色及紅色水果中，下列何者屬之？ (1) 花青素 (2) 葉綠素 (3) 酵素 (4) 葉黃素。　　4

( ) 131. 有關馬鈴薯的敘述何者正確？ (1) 又稱為白地瓜 (2) 為全球最重要的穀物類之農作物 (3) 可實用部分為根部 (4) 主要含碳水化合物、多種蛋白質、礦物質。　　4

( ) 132. 下列何者非屬於水果類？ (1) 牛番茄 (2) 水梨 (3) 西洋梨 (4) 高接梨。　　1

( ) 133. 下列何者是冬天生產的葉菜類？ (1) 蕨菜（過貓） (2) 茼蒿 (3) 莧菜 (4) 扁蒲。　　2

( ) 134. 下列何者非屬黃豆製品？ (1) 豆花 (2) 皇帝豆 (3) 納豆 (4) 豆腐。　　2

( ) 135. 皮蛋又稱松花蛋、鹼蛋或是下列何者？ (1) 臭蛋 (2) 灰黑蛋 (3) 灰包蛋 (4) 黑蛋。　　3

( ) 136. 豆製品若沒在適當溫度下儲存容易腐壞，下列何者只適合短時間冷藏保存使用？ (1) 生豆包 (2) 豆漿 (3) 豆腸 (4) 百頁豆腐。　　2

( ) 137. 關於食品分散的敘述何者正確？ (1) 鹽水溶液與膠體溶液均是真溶液 (2) 溶液中溶質的量必須小於溶劑的量 (3) 以脂肪為介質的食品分散系通常是 oil-in-water 型 (4) 水溶液的溶解度為常數，與溫度無關。　　2

( ) 138. 關於膠體的敘述何者錯誤？ (1) 沖泡好的熱牛奶靜置一段時間後，會在表面形成脂肪懸浮，攪散懸浮脂肪可形成膠體 (2) 具有親水端和疏水端的分子比較容易形成水溶液膠體，且親水端分佈膠體表面 (3) 卵磷酯是一種界面活性劑，可穩定膠體 (4) 製作豆腐時加入石膏，是藉由鈣離子改變膠體顆粒的表面電荷，破壞膠體穩定性。　　4

( ) 139. 關於酸鹼度的敘述何者錯誤？ (1) 以 pH 值呈現 (2) pH = -log [H+] (3) [H+] = 2×10^{-7} 時，pH 值介於 6 到 7 之間 (4) pH <7，呈酸性，[H+]。　　4

( ) 140. 關於蛋白質及胺基酸的敘述何者正確？ (1) 胺基酸 (-NH$_2$)、(-COOH) 功能基（取代基）組成 (2) 蛋白質由多個胺基酸及水分子形成 (3) +H$_3$N-R-COO- 在酸性環境中會變成 H$_2$N-R-COO- (4) 蛋白質的主鏈不含氮。 　1

( ) 141. 關於蛋白質變性的敘述何者正確？ (1) 蛋白質變性後，對水的溶解度減少 (2) 以加熱方式使蛋白質變性後，蛋白質具有可復性 (renaturation) (3) 調整蛋白質溶液之 pH 值可使酸鹼值呈中性，進而使蛋白質變性 (4) 蛋白質變性後，其一級結構改變。 　1

( ) 142. 關於酵素的敘述何者正確？ (1) 酵素是一種生物性催化劑，但是無法改變反應的活化能 (2) 酵素是一種含蛋白質化合物 (3) 輔酶 (coenzyme) 是一種含蛋白質化合物 (4) 在含有酵素的環境下，基質濃度越高，反應速率越快，所以基質濃度越高越好。 　2

( ) 143. 關於酵素性褐變的敘述何者錯誤？ (1) 酵素性褐變常在受傷植物表面發生 (2) 酵素性褐變的基質是多元酚類 (polyphenol) (3) 酵素性褐變易在氧氣存在的情形下發生 (4) 維生素 C 的存在會加速酵素性褐變。 　4

( ) 144. 關於梅納反應的敘述何者正確？ (1) 所產生的褐色為烘焙食品所不樂見 (2) 不會形成特殊風味 (3) 反應過程中，因為醛糖與含胺基物質所產生的 N-取代基糖胺而呈褐色 (4) 為一連串的酵素反應。 　3

( ) 145. 每一水分子中之兩個氫原子，則可與另兩個水分子中之氧原子形成兩個氫鍵，所以每一水分子最多可產生 (1) 1 (2) 2 (3) 3 (4) 4 個氫鍵。 　4

( ) 146. 食品分散系，水在油中型 (water-in-oil) 之敘述何者正確？ (1) 分散相為水 (2) 分散相為油 (3) 介質相為水 (4) 油水同為介質相。 　1

( ) 147. 保持膠體穩定的方法何者錯誤？ (1) 利用物質水合性（如酪蛋白之疏水端內聚，親水端暴露於顆表面） (2) 利用界面活性物質，如泡沫穩定劑、乳化劑 (3) 改變顆粒表面的電荷數 (4) 改變溫度。 　4

( ) 148. 黃豆漿煮沸後，加入石膏（含 Ca^{2+}）目的為何？ (1) 增加黃豆蛋白之膠體穩定 (2) 破壞黃豆蛋白之膠體穩定，而使黃豆蛋白沉澱 (3) 增加黃豆蛋白之溶解度 (4) 使黃豆蛋白進行凝膠。 　2

( ) 149. 蛋白質二級結構主要吸引力不包括下列何者？ (1) 分子內氫鍵 (2) 凡得瓦爾力 (3) 雙硫鍵 (4) 分子間氫鍵。 　4

( ) 150. 膠原蛋白的敘述何者錯誤？ (1) 是結締組織的一種特殊纖維蛋白 (2) 為一種二級結構蛋白質 (3) 為一種三級結構蛋白質 (4) 由三條胜肽鏈互相纏繞而形成安定的三螺旋構造。 　3

( ) 151.蛋白質變性的敘述何者錯誤？ (1) 主要是其立體結構發生改變 (2) 最常見的情況，為由折疊狀態變成非折疊狀態 (unfolding) (3) 主要為四級結構改變 (4) 一級結構胜肽鍵之斷裂，則不屬於變性。 **3**

( ) 152.食物蛋白質變性會導致的結果不包括下列何者？ (1) 黏度增加 (2) 溶解度降低 (3) 使胜肽鍵更易水解 (4) 蛋白質的生理活性不變。 **4**

( ) 153.牛乳之酪蛋白的敘述何者錯誤？ (1) 等電點為 pH4.0 (2) 等電點時酪蛋白易沉澱（變性） (3) 不在等電點時，則可復性 (4) 以加熱方式變性後，則不可復性。 **1**

( ) 154.酵素性褐變的三要素不包括下列何者？ (1) 基質：多元酚類 (2) 酵素：多酚氧化酶 (3) 氧氣：當做反應物 (4) 輔酶：維生素 C。 **4**

( ) 155.預防酵素性褐變的方法不包括下列何者？ (1) 加熱抑制酵素 (2) 冷藏 (3) 隔絕氧氣或添加維生素 C（抗氧化） (4) 以酸或鹽抑制酵素活性。 **2**

( ) 156.防止梅納反應的方法，下列何者為非？ (1) 維持 pH 值在鹼性 (2) 低溫加熱 (3) 加水稀釋 (4) 加入具漂白作用的添加物（如亞硫酸鹽或亞硫酸氫鹽）。 **1**

( ) 157.梅納反應會產生烘焙類食品之芳香成分不包括下列何者？ (1) pyrazine (2) pyridine (3) furan (4) H_2S。 **4**

( ) 158.焦糖化反應 (Caramelization) 的敘述，下列何者錯誤？ (1) 需要有高濃度的糖 (2) 糖以高溫處理 (3) 是梅納反應的一種 (4) 為脫水反應。 **3**

( ) 159.防止冷凍蔬果褐變的方法，下列何者為非？ (1) 冷凍前，以高溫短時間加熱（殺菁） (2) 排除組織內氧氣 (3) 加入亞硫酸鹽 (4) 以充氮方式取代氧氣。 **3**

( ) 160.鮮奶滅菌的方法不包括下列何者？ (1) LTLT（低溫長時）加熱至 63℃，維持 30 分鐘，再降至 7.2℃以下 (2) HTST（高溫短時）加熱至 72℃，維持 15 秒，再降至 10℃以下 (3) UHT（超高溫）加熱至 137.8℃，維持 2 秒 (4) HTHP（高溫高壓）加熱至 121℃，1.5Kg/cm 維持 15 分鐘。 **4**

( ) 161.牛乳均質的敘述，下列何者為非？ (1) 配合 500~2500 磅／平方吋的壓力，使脂肪球破裂成小顆粒均勻的散布懸浮在牛乳中 (2) 會造成蛋白質的變性（尤其酪蛋白） (3) 可增加牛乳蛋白質的消化率 (4) 會造成油脂的變性。 **4**

( ) 162.蛋白質的起泡性敘述，下列何者為非？ (1) 在形成泡沫時，部分蛋白質會變性，有助於泡沫穩定 (2) 適量的脂肪可穩定脂肪 (3) 卵磷質的存在會增進起泡 (4) 過多的脂肪存在，會使泡沫變小而破裂。 **3**

( ) 163. 牛乳加熱時所產生的奶皮之敘述，下列何者為非？　(1) 酪蛋白與空氣接觸及鈣作用，再加上水分自液面逐漸蒸發而形成　(2) 奶皮的固形物中，有一半以上是脂肪　(3) 將已形成的奶皮移走，則不會繼續形成　(4) 加熱同時予以攪拌可以防止產生奶皮。　　3

( ) 164. 冰淇淋製造時的陳化敘述，下列何者為非？　(1) 於 2~4℃下保持 4~28 小時　(2) 可使脂肪固化，穩定劑吸收水份，以增加混料之黏性　(3) 於 -18℃下保持 24 小時　(4) 降低水份結晶，以增加平滑。　　3

( ) 165. 關於乳油 (cream) 特性的敘述，下列何者為非？　(1) 經攪打可形成 air-in-water 的泡沫，空氣的外層包圍著含有脂肪球的蛋白質膜　(2) 如果脂肪固化，有防止薄膜崩潰的作用，乳油加熱，則脂肪會融化，使薄膜塌陷　(3) 攪打的乳油，其脂肪的含量，常為乳油含豆量最高者，必須含 30% 以上的油脂才能維持泡沫的功能　(4) 當脂肪的含量超過 30% 以上，並不能增進泡沫的品質，但可使泡沫較為持久，並提升起泡所需的時間。　　4

( ) 166. 影響乳油形成泡沫的敘述，下列何者為非？　(1) 當溫度小於 7℃ 時，起泡性最好　(2) 溫度大於 7℃ 時，脂肪開始軟化，泡沫開始崩潰　(3) 酸可增加起泡性，但一般不建議使用，因會造成乳油過酸，使口味不佳　(4) 糖為增加風味物質與起泡性。　　4

( ) 167. 乳油在冰淇淋製造時的角色，下列敘述何者為非？　(1) 富含脂肪可提供乳香味　(2) 乳脂肪的存在亦會降低冰晶的結合，使冰淇淋的口感平順　(3) 未均質過的乳油較均質的乳油更能提供細小的脂肪球，以干擾大冰晶的形成　(4) 是油在水中的乳化液。　　3

( ) 168. 糖在冰淇淋製造時的角色敘述，下列何者為非？　(1) 賦予冰淇淋的甜味　(2) 降低凝固點可延遲冰凍作用　(3) 對減小冰晶粒子有所助益　(4) 會造成融點較高，使冰淇淋在室溫下不易溶化。　　4

( ) 169. 冰淇淋製造時，添加乳化劑的功能不包括下列何者？　(1) 可安定脂肪小球　(2) 可防止冰晶生成　(3) 增加整體硬度　(4) 保持形狀。　　3

( ) 170. 豆沙產生的原理為　(1) 蛋白質變性　(2) 澱粉糊化　(3) 蛋白質變性後包住澱粉　(4) 澱粉糊化後包住蛋白質。　　3

( ) 171. 下列何者無須浸泡可直接烹煮？　(1)黃豆　(2)青皮豆　(3)烏豆　(4)紅豆。　　4

( ) 172. 下列何者是造成肉烹煮後變硬的原因？　(1) 膠原蛋白　(2) 網狀蛋白　(3) 彈性蛋白　(4) 白蛋白。　　3

( ) 173. 下列何者烹煮後會產生明膠化？ (1) 膠原蛋白 (2) 網狀蛋白 (3) 彈性蛋白 (4) 白蛋白。 — 1

( ) 174. 下列何者不是肉烹煮後的鮮美成分？ (1) 肌苷酸 (2) 腺苷酸 (3) 嘧啶 (4) 甘胺酸。 — 3

( ) 175. 下列何者屠宰後需經熟成才可烹調？ (1) 雞 (2) 牛 (3) 豬 (4) 鴨。 — 2

( ) 176. 肝醣在牲體屠宰後扮演的主要角色為？ (1) 降低 pH 值 (2) 提高 pH 值 (3) 提供甜味 (4) 提供鮮味。 — 1

( ) 177. 下列何者是肉烹煮後造成收縮的原因？ (1) 肌漿蛋白變性 (2) 肌球蛋白變性 (3) 球蛋白變性 (4) 白蛋白變性。 — 2

( ) 178. 筋肉組織較適合以何種方式烹調？ (1) 濕式長時間 (2) 乾式長時間 (3) 濕式短時間 (4) 乾式短時間。 — 4

( ) 179. 肉烹調後產生變性肌紅蛋白，其鐵元素變為 (1) 1 (2) 2 (3) 3 (4) 4 價離子。 — 3

( ) 180. 一般食用生魚片比煮熟魚肉更容易消化的原因為？ (1) 油脂多 (2) 水份多 (3) 維生素多 (4) pH 高。 — 2

( ) 181. 皮蛋是以何種物質醃製，使蛋白質變性凝膠？ (1) 鹽 (2) 中性 (3) 酸性 (4) 鹼性 物質。 — 4

( ) 182. 蛋的凝固特性敘述，下列何者為非？ (1) 食鹽促進凝固 (2) 食醋促進凝固 (3) 砂糖提高凝固 (4) 添加牛奶可使凝固變軟。 — 4

( ) 183. 下列何者無應用到蛋的黏著性？ (1) 漢堡 (2) 碎肉丸 (3) 蛋包飯 (4) 油炸裹衣。 — 3

( ) 184. 高湯澄清與除澀之原理為下列何者？ (1) 蛋白液溶於水變性後包裹澀味成分 (2) 油質溶於水包裹澀味成分 (3) 蛋白質能沉澱澀味成分 (4) 醣類溶於水後包裹澀味成分。 — 1

( ) 185. 蛋白的起泡四階段，下列何者正確？ (1) 起始階段 - 濕性發泡 - 硬性發泡 - 乾性棉絮狀態 (2) 起始階段 - 硬性發泡 - 濕性發泡 - 乾性棉絮狀態 (3) 起始階段 - 乾性棉絮狀態 - 硬性發泡 - 濕性發泡 (4) 起始階段 - 濕性發泡 - 乾性棉絮狀態 - 硬性發泡。 — 1

( ) 186. 蛋白的起泡最適合溫度為？ (1) 10 (3) 20 (3) 30 (4) 40 ℃。 — 3

( ) 187. 最能穩定蛋白的起泡，應添加下列何者？ (1) 鹽 (2) 糖 (3) 酸 (4) 水。 — 2

( ) 188. 蛋黃具有乳化作用，主要是因為含有下列何者？ (1) 三甘油脂 (2) 卵磷脂 (3) 醣脂質 (4) 皂素。 | 2

( ) 189. 製作蛋黃醬時，不宜使用何種金屬器具原因何者為非？ (1) 金屬易促油之氧化 (2) 鹽與醋易解離金屬離子 (3) 鹽與醋易使油脂黏附金屬表面 (4) 金屬離子易解離產生金屬味。 | 3

( ) 190. 有關泡沫乳油作法之敘述，下列何者為非？ (1) 含 25% 以上脂肪較穩定氣泡 (2) 氣泡要被蛋白質膜包裹較穩定 (3) 在低溫攪打發泡較容易 (4) 固化後仍可再打發。 | 4

( ) 191. 魚烹調去魚腥味之方式，下列何者為非？ (1) 以味增調味 (2) 加入蔥 (3) 加入砂糖 (4) 添加酒。 | 3

( ) 192. 烘烤魚之前，將表面水分擦拭掉，再撒一次鹽立即烤，此時可結晶留下的鹽稱之為 (1) 化妝鹽 (2) 調味鹽 (3) 去腥鹽 (4) 醃製鹽。 | 1

( ) 193. 雞蛋雖然營養，但食用過多容易造成膽固醇過高，可能引發何種疾病？ (1) 血管硬化 (2) 記憶力降低 (3) 貧血 (4) 低血壓。 | 1

( ) 194. 可以作為食材黏合包覆、膨發性、乳化性的食材為 (1) 蛋 (2) 麵粉 (3) 糖 (4) 蔬菜。 | 1

( ) 195. 明膠不宜製作何種果凍？ (1) 柳橙 (2) 鳳梨 (3) 蘋果 (4) 水蜜桃。 | 2

工作項目 02：選材（採購與驗收）

( ) 1. 麵類製品的選購條件為何？ (1) 色澤白皙 (2) 有完整標示與包裝 (3) 有使用防腐劑延長保存 (4) 麵條沾黏。 | 2

( ) 2. 國產香菇的選購條件不包括下列何者？ (1) 乾燥輕脆香味濃 (2) 厚實完整 (3) 裙邊肥厚傘緣內捲且傘狀完整 (4) 外觀星芒狀白色線條。 | 4

( ) 3. 下何者非為選購沙拉油製品應注意事項？ (1) 包裝精美 (2) 有完整標示 (3) 呈液態，色澤清淡 (4) 適用低溫烹調。 | 1

( ) 4. 冷凍包裝食品選購時應注意事項，下列何者正確？ (1) 包裝完整 (2) 無標示有效日期也可以 (3) 溫度達 -7℃ (4) 挑選產生霧狀冰晶者。 | 1

( ) 5. 為防止肉毒桿菌生長產生的毒素而引起的食品中毒，有關真空包裝即食食品（例如真空包裝素肉）之注意事項，下列何者為非？ (1) 依標示冷藏或冷凍貯藏 (2) 充分加熱後食用 (3) 購買時檢視標示內容 (4) 可隨意置放。 | 4

( ) 6. 選購包裝食品時要注意，依食品安全衛生管理法規定，食品及食品原料之容器或外包裝應標示　(1) 製造日期　(2) 有效日期　(3) 賞味期限　(4) 保存期限。　2

( ) 7. 選購豆腐加工產品時，下列何者為食品腐敗的現象？　(1) 更美味　(2) 香氣濃郁　(3) 重量減輕　(4) 產生酸味。　4

( ) 8. 選購食材時，下列何者可辨別食物材料的新鮮與腐敗？　(1) 價格高低　(2) 視覺嗅覺　(3) 外觀包裝　(4) 商品宣傳。　2

( ) 9. 隨意採買野生植物可能會？　(1) 促進健康　(2) 增加生活樂趣　(3) 食品中毒　(4) 增加刺激感。　3

( ) 10. 選用發芽的馬鈴薯　(1) 可增加口味　(2) 可增加顏色　(3) 可能發生中毒　(4) 可增加香味。　3

( ) 11. 罐頭類食品之選擇應注意事項，下列何者為非？　(1) 罐頭外觀是否正常　(2) 是否仍在有效期間內　(3) 打開後也要用嗅覺、視覺判斷是否有腐壞情形　(4) 若有問題則可加熱後使用，不用丟棄，因為加熱可防止肉毒桿菌生長，亦可破壞所分泌的毒素。　4

( ) 12. 新鮮的魚應　(1) 眼睛混濁、出血　(2) 魚鱗緊附於皮膚、色澤鮮豔　(3) 魚鰓呈灰綠色、有黏液產生　(4) 腹部易破裂、內臟外露。　2

( ) 13. 購買水產品時判別新鮮度的方法，無法利用　(1) 眼睛看　(2) 鼻子聞　(3) 手觸摸　(4) 耳朵聽覺。　4

( ) 14. 分辨母蟹的方法，下列何者正確？　(1) 螯比較大　(2) 臍為圓形　(3) 臍為尖形　(4) 蟹殼花紋比較淡。　2

( ) 15. 鯉魚、吳郭魚等淡水養殖魚類，因水質因素而有土腥味，是放線菌和下列何者代謝所產生的化合物而形成？　(1) 藍綠藻　(2) 土質　(3) 飼料　(4) 排泄物。　1

( ) 16. 旗魚或鮪魚鮮度變差時，肉質易產生下列何種情形？　(1) 紅變肉　(2) 綠變肉　(3) 黑變肉　(4) 褐變肉。　2

( ) 17. 新鮮的魚之眼球應為　(1) 微凸透明　(2) 呈灰白色　(3) 呈平面　(4) 混濁。　1

( ) 18. 下列何者可為優良冷凍食品之認證標章？　(1) CNS　(2) GMP　(3) CAS　(4) GLP。　3

( ) 19. 不新鮮的魚　(1) 魚體結實有彈性　(2) 膚色有光澤　(3) 眼球透明微凸　(4) 手指按魚皮會有皺紋產生。　4

( ) 20. 品質好的茄子，顏色應為　(1) 深紫色　(2) 淺紫色　(3) 深紫色帶斑點　(4) 茶色。　　1

( ) 21. 尚未成熟之水果即行採收，以利酵素的追熟作用，並不包括何種水果？　(1) 荔枝　(2) 番茄　(3) 木瓜　(4) 香蕉。　　1

( ) 22. 蛋黃的圓弧度愈高者，表示該蛋愈　(1) 腐敗　(2) 陳舊　(3) 新鮮　(4) 與新鮮度沒有關係。　　3

( ) 23. 選購食材應選非連續性採收的作物，其農藥較少，下列何者屬之？　(1) 葉菜類　(2) 豌豆　(3) 菜豆　(4) 四季豆。　　1

( ) 24. 選購有包裝的食物之注意事項不包括下列何者？　(1) 有效期限　(2) 成分　(3) 廠商名稱　(4) 廣告宣傳。　　4

( ) 25. 選擇豆類食材，應挑選下列何者？　(1) 豆粒稀疏　(2) 有光澤　(3) 有蟲害　(4) 有發芽。　　2

( ) 26. 奶粉應購買下列何者？　(1) 有結塊　(2) 有雜質　(3) 呈黑色　(4) 無不良氣味。　　4

( ) 27. 乾金針宜選擇外觀呈現何種現象者？　(1) 針體較粗不鮮豔者　(2) 針體較乾細且鮮豔者　(3) 針體較粗色深暗者　(4) 針體較乾細鮮豔者。　　1

( ) 28. 有關蝦米的選購條件，下列何者為非？　(1) 乾爽重量輕　(2) 無異味且較乾燥　(3) 無雜質或發霉　(4) 顏色非常鮮紅。　　4

( ) 29. 業界將生鮮干貝稱為　(1) 帶子　(2) 腰子貝　(3) 孔雀貝　(4) 日月貝。　　1

( ) 30. 「玉環瑤柱」中的瑤柱指的是　(1) 象拔蚌　(2) 蘆筍貝　(3) 干貝　(4) 北寄貝。　　3

( ) 31. 品質好的乾貨干貝顏色接近　(1) 土灰　(2) 暗黑　(3) 淡白　(4) 土黃色。　　4

( ) 32. 黑木耳的選購要件，不包括下列何者？　(1) 優質的黑木耳乾製前耳大肉厚，耳面烏黑光亮，耳背稍呈現灰暗，長勢堅挺有彈性。乾製後整耳收縮均勻，乾薄完整，手感輕盈，拗折脆斷，互不黏結　(2) 黑木耳用手捏易碎，放開後朵片有彈性，且能很快伸展的，說明含水量少；如果用手捏有韌性，鬆手後耳瓣伸展緩慢，說明含水量多　(3) 純淨的黑木耳口感純正無異味，有清香氣　(4) 好的黑木耳，耳花大而鬆散，耳肉肥厚，色澤呈白色或略帶微黃，蒂頭無黑斑或雜質，朵形較圓整，大而美觀。　　4

( ) 33. 乾蓮子方便保存，選購時最好挑選何種顏色者？　(1) 潔白　(2) 白偏黃　(3) 淡黃　(4) 褐藕色。　　2

( ) 34. 採購魩仔魚乾，下列何者最符合衛生安全？ (1) 透明者 (2) 潔白者 (3) 淡灰白色者 (4) 暗灰色者。　　3

( ) 35. 選購品質優良的乾貨因可久藏並帶給烹煮時之方便，應 (1) 便宜時多採購 (2) 衡酌用量適度採購，以保新鮮 (3) 以量制價採購 (4) 產季時多採購。　　2

( ) 36. 所謂的「二節翅」是指 (1) 中翅加翅尖 (2) 前翅加翅根部 (3) 全翅 (4) 小棒棒腿加中翅。　　1

( ) 37. 雞腿肉（清肉）指的是 (1) 去骨帶皮 (2) 去皮去骨 (3) 帶皮帶骨 (4) 雞全腿。　　1

( ) 38. 所謂的嫩雞是指飼養多久的雞？ (1) 未滿 2 個月 (2) 未滿 3 個月 (3) 未滿 4 個月 (4) 未滿 5 個月。　　2

( ) 39. 市面上的鳥蛋是何種鳥類的蛋？ (1) 鴿子 (2) 斑鳩 (3) 鵪鶉 (4) 珠雞。　　3

( ) 40. 所謂的成熟雞是指飼養多久的雞？ (1) 2 個月以上未滿 4 個月 (2) 3 個月以上未滿 5 個月 (3) 4 月以上未滿 6 月 (4) 5 月以上未滿 7 月。　　2

( ) 41. 如何選擇新鮮的雞肉？ (1) 肉有光澤、緊實，毛細孔突起 (2) 肉質鬆軟表皮平滑 (3) 肉的顏色暗紅有水般的光澤 (4) 體味重、肉無彈性。　　1

( ) 42. 禽類的哪個部位筋最少較軟？ (1) 大腿 (2) 小腿 (3) 翅膀 (4) 胸。　　4

( ) 43. 「大棒棒腿」就是 (1) 帶骨雞小腿肉 (2) 翅小腿 (3) 雞骨腿 (4) 清雞腿。　　1

( ) 44. 「雞翅根部位」為市場上所稱之 (1) 中翅 (2) 翅膀 (3) 小棒棒腿 (4) 二節翅。　　3

( ) 45. 豬的小肚即為其？ (1) 胃 (2) 膀胱 (3) 腸頭 (4) 脾。　　2

( ) 46. 剛屠宰的牛肉要在 7℃以下經過幾天，才能使肉由僵直堅硬變成柔軟，釋放出鮮美味道？ (1) 7~10 天 (2) 3~6 天 (3) 11~15 天 (4) 1~3 天。　　1

( ) 47. 所謂的犢牛肉是指出生兩個月到幾個月的小乳牛？ (1) 6 個月 (2) 9 個月 (3) 10 個月 (4) 12 個月。　　3

( ) 48. 下列何種維生素在豬肉中比牛肉高出十倍之多？ (1) 維生素 A (2) 維生素 B12 (3) 維生素 E (4) 維生素 B1。　　4

( ) 49. 何種牛排可吃到沙朗和菲力兩種不同的肉質？ (1) 丁骨牛排 (2) 沙朗牛排 (3) 牛小排 (4) 菲力牛排。　　1

( ) 50. 剛屠宰的牛肉要經過數天才能使肉質由僵直堅硬變成柔軟，釋放出鮮美味道，這個過程是所謂的 (1) 軟化 (2) 氧化 (3) 熟成 (4) 釋放。　　3

( ) 51. 俗稱「牛百頁肚」（千層肚）的是下列何者？ (1) 牛肚 (2) 反芻肚 (3) 蜂巢肚 (4) 毛肚。 | 4

( ) 52. 所謂的毛肚是牛的第幾個胃？ (1) 第一個 (2) 第二個 (3) 第三個 (4) 第四個。 | 3

( ) 53. 所謂的大腸頭指的是豬的？ (1) 直腸 (2) 大腸 (3) 生腸 (4) 小腸。 | 1

( ) 54. 梅花肉是位於豬的哪個部位？ (1) 肩胛部 (2) 腹脇部 (3) 背脊部 (4) 後腿部。 | 1

( ) 55. 豬棒棒腿是位於豬的哪個部位？ (1) 肩胛部 (2) 腹脇部 (3) 背脊部 (4) 後腿部。 | 4

( ) 56. 豬腩排是位於豬的哪個部位？ (1) 肩胛部 (2) 腹脇部 (3) 背脊部 (4) 後腿部。 | 2

( ) 57. 豬大里肌是位於豬的哪個部位？ (1) 肩胛部 (2) 腹脇部 (3) 背脊部 (4) 後腿部。 | 3

( ) 58. 豬後腿心俗稱 (1) 老鼠肉 (2) 松板肉 (3) 二層肉 (4) 胛心肉。 | 1

( ) 59. 乾貨的選擇須考量的因素，何者正確？ (1) 是否乾燥完全，且沒有發霉或腐爛 (2) 外觀破損對品質沒有影響 (3) 售價越低越好 (4) 色澤亮豔。 | 1

( ) 60. 乾海參應選擇下列何者？ (1) 顏色鮮豔 (2) 割口處肉質肥厚乾淨、嘴部大而堅硬，無裂開，骨板不疏鬆 (3) 沙嘴小而軟嫩，有開裂，骨板疏鬆 (4) 重量重，握在手裡覺得潮濕。 | 2

( ) 61. 挑選小魚乾應選擇下列何者？ (1) 試吃時較死鹹者 (2) 側面有一條銀白色縱帶且魚肚皮沒有破者 (3) 用手捧起小魚乾，感覺黏黏者 (4) 有殘餘白色細末者。 | 2

( ) 62. 選購粽子乾貨配料原則為 (1) 向售價最低廠商購買即可 (2) 可購買來源不明之散裝品或色澤太過鮮豔、顏色失去自然之產品 (3) 應注意外觀色澤越鮮豔越好 (4) 粽葉應選擇帶有竹葉清香，乾燥時外觀呈現自然墨綠色，而桂竹葉應選擇聞起來無嗆鼻異味，外觀有自然褐色斑點者。 | 4

( ) 63. 罐頭食品驗收要項，下列何者為非？ (1) 防腐劑添加量需適中 (2) 是否有不完整或密封不良 (3) 是否有凹凸罐現象 (4) 是否鏽罐、磨損與穿孔。 | 1

( ) 64. 發酵與醃漬食材之採購應注意事項，下列何者正確？ (1) 最好向一般家庭式工廠採購 (2) 消費者無須了解發酵與醃漬菌種來源 (3) 要注意發酵產品如醬油或醋是否符合 CNS 國家標準 (4) 包裝若有破損時需煮熟再食用。 | 3

( )　65.　品質較好的烏魚子，其特徵為　(1) 外型不規則、大小厚薄落差大　(2) 色澤呈現暗黑色、不透明　(3) 輕壓表面，若按下去很快彈上來　(4) 鹹度高的品質越好。　　3

( )　66.　乾貨可採購下列何者？　(1) 經漂白的　(2) 添加防腐劑的　(3) 高鹽　(4) 發霉的。　　3

( )　67.　香菇乾貨應選擇下列何者？　(1) 有碎裂者　(2) 內面呈現棕色或泛白者　(3) 柔軟有彈性者　(4) 酥脆無外傷。　　4

( )　68.　花材乾果類乾貨採購驗收應注意事項，下列何者正確？　(1) 農藥殘留應適量　(2) 外觀完整組織乾燥　(3) 添加香精應適量　(4) 色澤越鮮豔越佳。　　2

( )　69.　海產類乾貨採購驗收應注意事項，下列何者正確？　(1) 可漂白　(2) 發霉的部分摘除即可　(3) 添加防腐劑劑量　(4) 外觀完整無異味。　　4

( )　70.　選擇採購供應商應注意事項，下列何者正確？　(1) 僅由單一供應商供貨以維持品質　(2) 無須尋求有系統之供應商　(3) 若非物流系統的供應商，則無須注意其是否具 HACCP 或 ISO22000 認證之廠商　(4) 食材供應商為農場直接供應者，應考慮生產之質與量的穩定性。　　4

( )　71.　驗收人員應具備何種素養，方能在驗收過程做好品質把關？　(1) 專業的刀工　(2) 優異的烹調技巧　(3) 良好的人際關係　(4) 熟悉檢驗技術與法規。　　4

( )　72.　食材驗收空間應注意事項，下列何者正確？　(1) 保持陰暗以免食材變質　(2) 車輛卸貨區、待檢驗區與檢驗室驗收前一天再打掃清潔即可，以免浪費人力　(3) 規劃必須完備，可用樓梯間與防火巷等公共區域　(4) 準備設計好驗收與撥發標籤，以利往後倉儲控管。　　4

( )　73.　乳製品類驗收條件，下列何者正確？　(1) 只要包裝完整就好　(2) 外觀有分離、沉澱、凝固表示較濃郁　(3) 只要選購高價者就代表品質優良，無須再做其他檢查　(4) 乳製品類要有檢測抗生素與消炎藥物證明，其必須低於殘留標準。　　4

( )　74.　家畜類肉品驗收應注意事項，下列何者正確？　(1) 瘦肉部分為暗紅色　(2) 有顆粒狀表示有彈性　(3) 肉質結實，肉層分明，質紋細嫩，用指壓有彈性　(4) 肉的表面有出水表示肉質柔嫩。　　3

( )　75.　火腿臘肉香腸之驗收應注意事項，下列何者正確？　(1) 應選色澤紅潤，用針插進拔出聞之，應具有久存的肉香味　(2) 為冷藏冷凍出售者，無須檢查包裝標示　(3) 含濕氣且色澤斑色、有裂痕　(4) 長蟲的部位切除即可。　　1

( ) 76. 沙拉油採購應注意事項，下列何者正確？ (1) 購買散裝的油品質較佳 (2) 選擇包裝完整無破損、無標示的小包裝食用油 (3) 購買包裝上標示有製造廠商名稱及地址的沙拉油 (4) 影選擇較混濁的油可增加烹調風味。 **3**

( ) 77. 蓮子乾貨應避免選擇下列何者？ (1) 確認無漂白 (2) 乾燥硬脆 (3) 外觀完整 (4) 外觀白皙。 **4**

( ) 78. 中式的全雞是指去掉何種部位的雞？ (1) 頭 (2) 尾 (3) 皮 (4) 心肝臟器。 **4**

( ) 79. 一般排骨飯的肉排是豬的哪兩個部位的結合？ (1) 大排骨與大里肌 (2) 小排骨與小里肌肉 (3) 後腿與腱子 (4) 松坂與胛心。 **1**

( ) 80. 有關頭足類應選購下列何者？ (1) 頭部脫落 (2) 肉質結實有光澤 (3) 具黏稠感及腥臭味 (4) 外膜破損。 **2**

( ) 81. 有關上品生鮮蟹的敘述，何者正確？ (1) 外殼結實，肢節完整 (2) 蟹膏如有溢出，表示不新鮮 (3) 外腹下有毛、腹中有骨 (4) 目赤、足斑。 **1**

( ) 82. 有關魚類的選購，下列何者正確？ (1) 生鮮魚類的魚鰓呈現鮮紅色 (2) 魚眼充血者較新鮮 (3) 生鮮魚類都有固有的魚腥味與腥臭味，與新鮮度無關 (4) 魚鱗易脫落者較新鮮。 **1**

( ) 83. 冷凍蝦類之蝦頭變黑的原因為何？ (1) 自體消化作用 (2) 酪胺酸酵素劣變 (3) 脂肪氧化 (4) 微生物分解。 **2**

( ) 84. 生鮮水產品腐敗後產生的魚腥臭，其主要成分為下列何者？ (1) 二氧化硫 (2) 三甲基胺 (3) 丙酮 (4) 氨。 **2**

( ) 85. 下列何者為花青素含量較多的蔬果？ (1) 白蘿蔔 (2) 白菜 (3) 紫高麗菜 (4) 番茄。 **3**

( ) 86. 食物的產量受季節影響最大是下列何者？ (1) 肉類 (2) 根莖類 (3) 乾貨類 (4) 蔬菜。 **4**

( ) 87. 以下何者敘述正確？ (1) 採購和驗收可同一人 (2) 採購可代理驗收 (3) 採購和驗收不可互相代理職務 (4) 採購和驗收可依個人心情調整職務。 **3**

( ) 88. 餐廳物料盤點最常採取的方式為？ (1) 日盤點 (2) 季盤點 (3) 年盤點 (4) 月盤點。 **4**

( ) 89. 一般來說，食材成本佔營收金額多少百分比以下較為合宜？ (1) 10% (2) 20% (3) 30% (4) 50%。 **3**

( ) 90. 最能直接掌控食材成本的廚房單位是？ (1) 砧板 (2) 熱爐 (3) 籠鍋 (4) 點心。 **1**

( ) 91. 在儲存物料的冰箱冰庫管理，必須要有何種表格？　(1) 溫度紀錄表　(2) 進出貨物登記表　(3) 機具維護表　(4) 無需任何表格。　　　　1

( ) 92. 送貨廠商應避免直接將貨物送入廚房是為了　(1) 避免食材腐壞　(2) 安全衛生　(3) 防止配方外流　(4) 防止技術外流。　　　　2

( ) 93. 物品食材週轉天數愈少，表示該物品食材的　(1) 使用率高減少庫存　(2) 使用率低減少庫存　(3) 使用率高增加庫存　(4) 使用率低增加庫存，進而提高投資報酬率。　　　　1

( ) 94. 何者非為食材、物品庫房管理的目的？　(1) 可避免閒置成本及物料損耗　(2) 可加速存貨周轉率　(3) 取貨方便與可多量產備料　(4) 可不計成本大量採購進貨。　　　　4

( ) 95. 何者非為造成廚房成本增加的原因？　(1) 員工用材浪費　(2) 外場常點錯菜　(3) 庫房管理不當　(4) 食材使用率高。　　　　4

( ) 96. 一份載明供應商所送達的商品、數量和價格以及應付總價款的單據，被稱為　(1) 採購規格說明書　(2) 請購單　(3) 出貨單　(4) 扣除貨款備忘憑證。　　　　3

( ) 97. 除了最低／最高存貨量，下列何者因素不會影響到採購的數量？　(1) 運輸和交貨問題　(2) 儲存和處置成本　(3) 訂貨成本　(4) 人事成本。　　　　4

( ) 98. 下面哪一個敘述是正確的？　(1) 庫存內的品項（包括酒類），無法依賴高科技協助追蹤，需要靠專人進行盤查　(2) 採用了主要供應商系統，食品和酒水運作就有責任維護掃描系統，這種掃描系統與超市收銀臺的類似　(3) 採用了合適的訂貨系統而且運作正常，仍必須要設驗收員對入貨專案進行稱重、點數或測量　(4) 採用即時存貨系統後，就沒有必要保留食品服務專案的正式發貨系統了。　　　　3

( ) 99. 驗收時，若因故貨品沒有如期送達，應填寫以下何種單據？　(1) 退貨單　(2) 不良紀錄單　(3) 貨款暫扣單　(4) 扣除貨款備忘憑證。　　　　4

( ) 100. 食物製備計畫應該依據每一企業的實際需要來制訂，在大型餐廳，製備計畫是由誰進行制訂？　(1) 主廚　(2) 業主　(3) 相關部門人員在定期會議中共同制訂　(4) 採購主管。　　　　3

( ) 101. 從產生和分析銷售歷史資料開始，可收集過去任何時段的單位銷售資訊，稱為何種系統？　(1) 歷史查詢系統　(2) 每日銷售系統　(3) 即時銷貨系統 (POS)　(4) 生產分析系統。　　　　3

( ) 102. 下列何者非為驗收區應該具備的特色？　(1) 有足夠大的地方來處理日常收貨　(2) 應該靠近用餐區　(3) 能夠存放所有的驗收設備，如天平和推車　(4) 靠近驗收入口的門。　　　　2

工作項目 03：前處理

( ) 1. 乾香菇前製備處理程序為何？ (1) 直接以熱水泡約半小時，以快速復水，擠乾水份並用油炒過，可增加香菇的香味，備用各種烹調 (2) 不須先用清水洗淨以免失去香氣，直接以冷水泡約半小時，擠乾水份並用油炒過，可增加香菇的香味，備用各種烹調 (3) 先用冷水洗淨，再用溫熱水泡約半小時，先擠乾水份，並用油炒過可增加香菇的香味，備用各種烹調 (4) 先用清水洗淨，再用冷水泡約半小時，擠乾水份並用油炒過可增加香菇的香味，備用各種烹調。   4

( ) 2. 下列何者是金針去除含過量亞硫酸鹽的最好方法？ (1) 烹煮前將金針用熱水燙過，再用清水沖洗數次 (2) 烹煮前將金針用清水浸泡並擠去水份，再用清水沖洗和浸透數次 (3) 烹煮前將金針用熱水浸泡，再用清水沖洗和浸透數次 (4) 烹煮前將金針用鹽水浸泡並擠去水份，再用清水沖洗數次。   2

( ) 3. 蝦米處理時先用清水洗淨，再以下列何者浸泡片刻瀝乾，即可用於炒菜之佐料或炒米粉、包粽子，可增加鮮味、香味？ (1) 溫水 (2) 熱水 (3) 冷水 (4) 冰水。   1

( ) 4. 干貝復水備用的方法，下列何者正確？ (1) 清洗後直接烹煮 (2) 清洗後以鹹水浸泡半天至軟即可烹煮 (3) 洗淨放在容器中，以水蒸軟揉開後烹煮 (4) 洗淨放在容器中，加入醋浸泡至軟揉開後烹煮。   3

( ) 5. 加工肉品中的香腸、火腿、臘肉、肉乾等，在精製過程中，需加入少量硝酸鹽，以防肉質腐敗，並且抑制下列何種細菌的生長，同時還可形成紅潤的色澤和產生特殊的風味？ (1) 沙門氏桿菌 (2) 金黃色葡萄球菌 (3) 肉毒桿菌 (4) 腸炎弧菌。   3

( ) 6. 乾蹄筋使用前應放入下列何者之中慢慢加熱藉此炸發，再放入水中煮軟？ (1) 冷水 (2) 熱水 (3) 冷油 (4) 熱油。   3

( ) 7. 下列何種乾物水分含量最高？ (1) 葡萄乾 (2) 蘿蔔乾 (3) 乾海帶 (4) 香菇。   2

( ) 8. 下列何者會在乾燥過程產生鮮味？ (1) 海帶 (2) 柴魚 (3) 香菇 (4) 蝦米。   2

( ) 9. 花生炒完後放冷，顏色會 (1) 不變 (2) 變淡 (3) 變深 (4) 變焦。   3

( ) 10. 漲發乾魷魚程序為 (1) 泡冷水→泡食用鹼水→漂冷水 (2) 泡食用鹼水→漂冷水 (3) 泡冷水→漂食用鹼水 (4) 冷水、食用鹼水先後不拘。   1

( ) 11. 果實成熟後去皮乾燥的胡椒稱之為 (1) 黑胡椒 (2) 紅胡椒 (3) 綠胡椒 (4) 白胡椒。   4

( ) 12. 果實未成熟乾燥而成的胡椒稱之為 (1) 黑胡椒 (2) 紅胡椒 (3) 綠胡椒 (4) 白胡椒。　3

( ) 13. 火腿製造過程添加糖的目的為何？ (1) 強化營養 (2) 增加風味 (3) 保持肉色 (4) 增加彈性。　2

( ) 14. 罐頭食品的使用方式，何者是最正確的？ (1) 可用鑽子或刀具等尖銳物質打開罐頭 (2) 可用開罐器打開罐頭 (3) 因為罐頭食品有經過殺菌且品質穩定，開罐後可慢慢食用 (4) 因為罐頭食品有經過殺菌，開罐後不用倒出食用且未用完可直接放陰涼處。　2

( ) 15. 臘肉拆封後，下鍋烹調前應 (1) 先用熱水煮過或汆燙 (2) 微波加熱 (3) 用烤箱烘烤 (4) 不用任何煮燙，直接下鍋。　1

( ) 16. 包裝食物於移除包裝處理時應注意 (1) 食物接觸的器具及設備無須是食品級的材質 (2) 因尚需烹煮或調理，不用避免生食、熟食交叉污染 (3) 無須使用不同砧板來處理食物 (4) 仔細看包裝上烹調說明及注意事項。　4

( ) 17. 前處理魚貝類時應注意維持 (1) 高溫 (2) 室溫 (3) 低溫 (4) 日曬。　3

( ) 18. 鯉魚背部兩邊有兩條白筋，會產生特殊的腥味，因此宰殺時應將白筋 (1) 留著 (2) 抽除 (3) 洗淨 (4) 另做料理。　2

( ) 19. 貝類可放入下列何者，使其吐沙？ (1) 自來水 (2) 熱水 (3) 低溫鹽水 (4) 冰水。　1

( ) 20. 下列哪種處理活蟹的方式無法避免被蟹螯夾傷？ (1) 將活蟹冰入冰塊水中 (2) 以毛刷去除蟹腳上的泥沙 (3) 徒手正面抓取 (4) 以繩子綁住蟹螯。　3

( ) 21. 將黃花魚何處的皮撕除，可減少腥味？ (1) 魚頭 (2) 腹部 (3) 靠近魚尾處 (4) 靠近魚鰭處。　1

( ) 22. 帶殼蝦的前處理方式為 (1) 不須用水沖洗乾淨，直接修剪長鬚 (2) 先用水沖洗乾淨，再修剪長鬚 (3) 用水沖洗即可，不須修剪長鬚 (4) 不須用水沖洗，亦不須修剪長鬚。　2

( ) 23. 取得蝦仁的前處理為 (1) 去殼→以鹽抓洗→清水洗淨→去腸泥 (2) 以鹽抓洗→清水洗淨→去殼→去腸泥 (3) 去腸泥→以鹽抓洗→去殼→清水洗淨 (4) 去殼→去腸泥→以鹽抓洗→清水洗淨。　4

( ) 24. 牡蠣的前處理必須 (1) 除去內臟 (2) 除去眼球 (3) 檢查碎殼及雜質 (4) 去腸泥。　3

( ) 25. 頭足類的前處理不含下列何者？ (1) 除去外膜 (2) 除去內臟 (3) 除去眼球 (4) 放鹽水吐沙。　4

( ) 26. 海水魚應以淡水充分沖洗 1 至 4 分鐘，可減少約百分之幾以上的細菌？ 　2
(1) 100%　(2) 90%　(3) 50%　(4) 10%。

( ) 27. 由於魚腥味的來源主要是一些鹼性的胺類化合物，因此加入下列何者就能產 　3
生中和的作用，降低 PH 值，抑制酵素和氧化反應？　(1) 糖水　(2) 蘋果汁
(3) 檸檬汁　(4) 西瓜汁。

( ) 28. 料理魚時不會使用下列何者，來消除魚腥味？　(1) 洋蔥　(2) 薑　(3) 綠茶 　4
(4) 紅茶。

( ) 29. 魚類前處理的目的是為了　(1) 去除容易腐敗與不可食的部分　(2) 讓可食用 　1
部位變多　(3) 讓魚變小　(4) 無謂的動作。

( ) 30. 清洗蟹時不須　(1) 以毛刷去除蟹腳上的泥沙　(2) 除去臍蓋　(3) 除去沙包、 　4
囊嘴　(4) 除去蟹膏。

( ) 31. 魚的何部位必須去除，不可食用？　(1) 魚皮　(2) 魚肉　(3) 魚鰓　(4) 魚肚。 　3

( ) 32. 為了防止切開後的蘋果變色，應在浸泡的水中加入　(1) 小蘇打　(2) 糖　(3) 　3
鹽　(4) 香油。

( ) 33. 馬鈴薯削皮之後應該放在何種溶液中，才不會氧化變黑？　(1) 醋　(2) 油 　4
(3) 酒　(4) 水。

( ) 34. 豆干、麵筋類可用下列何者浸泡，以去除豆腥味？　(1) 熱水　(2) 冷水　(3) 　1
冰開水　(4) 溫水。

( ) 35. 奶粉製作時所使用的乾燥法為　(1) 加壓乾燥法　(2) 噴霧乾燥法　(3) 自然 　2
乾燥法　(4) 泡沫乾燥法。

( ) 36. 蛋白加熱到幾度後會開始凝固？　(1) 60℃　(2) 65℃　(3) 66℃　(4) 70℃。 　4

( ) 37. 蛋黃加熱到幾度後會開始凝固？　(1) 60℃　(2) 70℃　(3) 80℃　(4) 90℃。 　3

( ) 38. 蒸蛋最佳凝固溫度約為幾度？　(1) 50℃　(2) 55℃　(3) 70℃　(4) 100℃。 　3

( ) 39. 散裝雞蛋購入時應作何處理？　(1) 清洗後冷藏　(2) 直接冷藏　(3) 放置乾 　1
貨庫房　(4) 放置室溫下。

( ) 40. 蛋黃醬中因含有何物質，細菌不易繁殖，因此不易腐敗？　(1) 醋酸　(2) 糖 　1
(3) 沙拉油　(4) 芥末粉。

( ) 41. 市售油豆腐或豆包含油份較多，烹調前應先用下列何者沖洗？　(1) 冷水 　3
(2) 冰開水　(3) 滾水　(4) 鹽水。

( ) 42. 米粒粉的主要用途為下列何者？　(1) 酥炸的裹粉　(2) 煮飯添加粉　(3) 煙 　4
燻材料　(4) 粉蒸肉的裹粉。

( ) 43. 買回一塊豬腿肉，需做何種前處理保存？　(1) 分解成固定大小保鮮　(2) 整塊放入保鮮　(3) 切成大塊保鮮　(4) 對切保存。 1

( ) 44. 要使肉經過烹調而不會太硬並保持鬆軟，可做何種前處理？　(1) 拍打　(2) 抓油　(3) 沾粉　(4) 抓醬油。 1

( ) 45. 香菇浸泡時，下列何者最能保持風味？　(1) 溫水　(2) 冷水　(3) 熱水　(4) 冰水。 2

( ) 46. 乾魷魚通常以下列何者漲發？　(1) 水　(2) 鹽水　(3) 食用鹼水　(4) 油。 3

( ) 47. 海參前處理時忌沾　(1) 米酒　(2) 油或鹽　(3) 冷水　(4) 醋。 2

( ) 48. 有關乾貨復水浸泡方式，何者正確？　(1) 定時換水　(2) 可多樣乾貨放置一起復水　(3) 用微波加速　(4) 加酸或鹼可加速。 1

( ) 49. 乾貨復水過程會有何種現象？　(1) 微生物生長　(2) 降低酵素反應　(3) 維持組織結構　(4) 外觀大小不會變化。 1

( ) 50. 臘肉、火腿、香腸等醃製肉品仍呈肉的鮮紅色是因為使用下列何種添加物？　(1) 鹼粉　(2) 亞硝酸鈉　(3) 甜菊醣苷　(4) 聯苯。 2

( ) 51. 使肉質柔嫩化的方法，下列何者正確？　(1) 低溫冷藏熟成　(2) 一律使用高溫加熱處理　(3) 添加硼砂　(4) 大火長時間處理。 1

( ) 52. 在醃肉時加糖有下列何種作用？　(1) 增加口感　(2) 定色作用　(3) 防腐作用　(4) 增鮮豔色彩。 2

( ) 53. 為了使肉質軟嫩可添加何種天然酵素？　(1) 生木瓜酶　(2) 小蘇打　(3) 鹽　(4) 鹼粉。 1

( ) 54. 清蒸全魚時應清除下列何者？　(1) 頭部　(2) 魚骨　(3) 魚尾　(4) 魚鰓內臟。 4

( ) 55. 蔬果的清洗方式，下列何者較為適合？　(1) 沖洗法　(2) 用洗碗精沖洗　(3) 用抹布擦拭　(4) 殺青法。 1

( ) 56. 蔬菜前製備清洗的主要目的是？　(1) 保持新鮮　(2) 延長保存期限　(3) 去除塵土、沙及蟲　(4) 增加口感。 3

( ) 57. 蔬菜中所含的維生素 C 在下列何種狀況下最容易流失？　(1) 清洗時　(2) 冷藏　(3) 室溫　(4) 生鮮時。 1

( ) 58. 在市面上購買黃豆時應選何種？　(1) 空殼碎雜質多　(2) 渾圓飽滿　(3) 蒂頭有黑色斑點　(4) 散裝無標示者。 2

( ) 59. 皮蛋的製作方法之一是用食用鹼的化學物混合石灰泥和下列何者包裹在鴨蛋外面？ (1) 稻草 (2) 鹽 (3) 黃豆 (4) 米糠。　4

( ) 60. 豆類製品曾爆發添加二甲基黃，遭下架銷毀，政府也修改法規，禁用二甲基黃，原因是因為二甲基黃對人體有何種影響？ (1) 導致甲狀腺亢進 (2) 常用傷肝 (3) 引起黑斑 (4) 引起皮膚癌。　2

( ) 61. 部分業者為了迎合市場但又基於成本考量，通常會使用下列哪些添加物將外觀呈黃白色的天然豆干染為褐色？ (1) 天然焦糖 (2) 食用藍色色素 (3) 二甲基黃 (4) 雙氧水。　1

( ) 62. 廚務人員進入製備烹調場所，最重要的衛生習慣為洗滌 (1) 雙手 (2) 抹布 (3) 工具 (4) 食物器材。　1

( ) 63. 關於溫度測量的敘述何者錯誤？ (1) 冰點=0°C (2) 沸點=212°F (3) 沸點=100°C (4) 1°C 的刻度等於 9/5°F。　4

( ) 64. 關於傳熱的方式，下列何者正確？ (1) 在油炸時，熱從熱油傳至食品是靠傳導 (2) 熱傳導是靠分子震動漸次傳遞能量 (3) 對流是因下層流體較冷與上層的流體較熱而產生流體交換的物理現象 (4) 微波加熱是一種輻射，微波頻率介於雷達波及遠紅外線之間，就頻率而言，對人體無害。　1

工作項目 04：儲存

( ) 1. 魚翅的儲存方式，下列何者最不恰當？ (1) 需防潮、防蛀 (2) 收藏前應充分曬乾，包裝時用防潮紙或用塑料袋，壓緊密封，置於陰涼處 (3) 雨季或夏天，最好低溫冷藏 (4) 貯藏於陽光明亮處以利察看有無蟲蛀或潮解。　4

( ) 2. 通常乾貨是儲存在常溫且通風陰涼與乾燥的環境，必須注意其環境清潔管理，並配合調整濕度在百分之幾以下儲存？ (1) 40% (2) 50% (3) 60% (4) 70%。　3

( ) 3. 食材儲存過程必須依其特性進行管理，其管理項目不包括 (1) 溫度濕度 (2) 時間 (3) 程序 (4) 季節。　4

( ) 4. 乾料庫適合儲放乾料或無須冷藏之包裝物品，庫存容積以百分之幾為佳？ (1) 50% (2) 60% (3) 70% (4) 80%。　2

( ) 5. 乾料庫溫度應控制在幾°C之間，並以陰涼乾爽為原則？ (1) 16~22°C (2) 22~30°C (3) 30~40°C (4) 40~50°C。　1

( ) 6. 下列食材何者常因未加蓋，而易生污染情形，衛生實在堪慮？ (1) 包裝乾貨 (2) 冷凍水產 (3) 零售乾貨 (4) 生鮮蔬果。 | 3

( ) 7. 胚芽米中含何種成分易酸敗不耐久藏？ (1) 維生素 (2) 油脂 (3) 醣類 (4) 蛋白質。 | 2

( ) 8. 米貯放在何處最不適合？ (1) 陽光充足之乾燥環境 (2) 冷凍冷藏庫 (3) 低溫乾燥 (4) 陰冷潮濕。 | 4

( ) 9. 下列香辛料保存方法中，何者並非應避免事項？ (1) 光線 (2) 震動 (3) 高溫高濕 (4) 空氣接觸。 | 2

( ) 10. 下列何者不適合貯存於室溫？ (1) 米 (2) 糖 (3) 鹽 (4) 鮮奶油。 | 4

( ) 11. 新鮮香草貯存方法為？ (1) 放一般冷藏冰箱 (2) 放一般冷凍冰箱 (3) 放置陰暗乾涼處 (4) 以紙包裹放入塑膠袋中冷藏。 | 4

( ) 12. 下列何者可以用來檢驗鹹魚豆干是否有不當染劑？ (1) 雙氧試劑 (2) 皂黃試劑 (3) 硝薔試劑 (4) 防腐試劑。 | 2

( ) 13. 貯存麵包的最佳方式為？ (1) 冷凍 (2) 冷藏 (3) 室溫 (4) 高溫。 | 1

( ) 14. 依據餐飲業儲存管理原則，化學物品應保存在原盛裝容器內，並如何管理？ (1) 專人 (2) 專櫃 (3) 專冊 (4) 專人專櫃專冊。 | 4

( ) 15. 乾貨品質劣變判斷方式，何者不宜？ (1) 聞氣味 (2) 看顏色 (3) 看形狀 (4) 按捏組織。 | 3

( ) 16. 乾貨買回後之儲存方式，下列何者正確？ (1) 存放在較潮濕的環境 (2) 放在易取得的位置即可 (3) 適時曝曬太陽可維持品質不變質 (4) 隨便置放無所謂。 | 3

( ) 17. 下列有關食物儲藏的敘述，何者正確？ (1) 冰淇淋應儲放在 -18℃以下的冷凍庫 (2) 利樂包（保久乳）裝乳品應冷藏保鮮 (3) 開罐後的奶粉為防變質，宜整罐儲放在冰箱中 (4) 盒裝鮮奶儲放在 -5℃以下的冷凍庫。 | 1

( ) 18. 在一個冰箱內有下列食材：海鮮、豬肉、牛肉、雞肉，由上而下應如何存放，才能減低污染？ (1) 海鮮、雞肉、豬肉、牛肉 (2) 牛肉、豬肉、海鮮、雞肉 (3) 牛肉、豬肉、雞肉、海鮮 (4) 雞肉、豬肉、牛肉、海鮮。 | 3

( ) 19. 熟米飯放置於室溫貯藏不當時，最容易遭受下列哪一種微生物的污染而腐敗變質？ (1)仙人掌桿菌 (2)沙門氏菌 (3)金黃色葡萄球菌 (4)大腸桿菌。 | 1

( ) 20. 下列何者為食品腐敗的現象？ (1) 更美味 (2) 香氣濃郁 (3) 重量減輕 (4) 產生酸臭味。 | 4

( ) 21. 魚貝類於冷凍庫中，凍藏期以不超過多久為宜？ (1) 1 週 (2) 2 週 (3) 4 週 (4) 6 週。　　4

( ) 22. 魚貝類以何種方式存放，較易保鮮？ (1) 貯存溫度愈高 (2) 貯存溫度愈低 (3) 貯存時間愈長 (4) 室溫。　　2

( ) 23. 冷藏法保存一般來說，不包括下列何者？ (1) 碎冰法 (2) 水冰法 (3) 海水冷卻法 (4) 液化氣體凍結法。　　4

( ) 24. 水產品凍藏法之噴霧或浸漬凍結法，為物料直接與冷凍介質接觸，可以保證水產品表面與冷媒之間緊密接觸，最常用的冷凍介質為 (1) 鹽水 (2) 糖水 (3) 氧氣 (4) 二氧化碳。　　1

( ) 25. 水產類若選擇冷藏法保存，則 (1) 適用於長期保存 (2) 適用於短期保存 (3) 設定溫度為 -7℃以下 (4) 設定溫度為 7℃以上。　　2

( ) 26. 魚貝類品質會受到外在環境因子影響，但不包含下列何者？ (1) 溫度 (2) 濕度 (3) 光線 (4) 聲音。　　4

( ) 27. 下列何者為「急速冷凍凍藏法」之其中一種方式？ (1) 碎冰法 (2) 水冰法 (3) 低溫空氣法 (4) 液化氣體凍結法。　　4

( ) 28. 魚貝類死後肌肉產生之變化，何者為非？ (1) 完全僵硬 (2) 解僵 (3) 產生彈性 (4) 軟化。　　3

( ) 29. 降低魚體溫度的方法，分為冷藏法和凍藏法，主要原理不含 (1) 加快腐敗速度 (2) 降低水活性 (3) 降低酵素活性 (4) 降低微生物繁殖速度。　　1

( ) 30. 腐敗的水產品不會發生何種情形？ (1) 產生腐臭味 (2) 產生香味 (3) 產生刺激臭 (4) 產生辛辣味。　　2

( ) 31. 魚類僵直期過後，肌肉再度變為柔軟，此種現象是因為在肌肉中的酵素使蛋白質發生變化，稱為 (1) 自家軟化 (2) 自我柔軟 (3) 自我變質 (4) 自我消化。　　4

( ) 32. 魚貝類品質容易受到外在環境因子影響，因此要了解 3T 的關聯性，而 3T 不含 (1) 包裝 (2) 溫度 (3) 時間 (4) 品質耐熱度。　　1

( ) 33. 凍藏法的液化氣體凍結法，主要用於 (1) 大型水產品 (2) 小型水產品 (3) 廉價水產品 (4) 高價值水產品。　　4

( ) 34. 尚未成熟之水果即行採收，以利酵素的追熟作用，並不包括何種水果？ (1) 荔枝 (2) 番茄 (3) 木瓜 (4) 香蕉。　　1

( ) 35. 蔬果適合放在何種溫度中保鮮？ (1) -18℃ (2) 0℃ (3) 5℃ (4) 16℃。　　3

( ) 36. 下列何種水果不適合放置冰箱冷藏？ (1) 西瓜 (2) 哈蜜瓜 (3) 木瓜 (4) 荔枝。　　4

( ) 37. 乾鮑魚最適合的保存方法為 (1) 新買鮑魚在通風處日光照射，待涼後放入器皿中存放 (2) 存放於冰箱內即可 (3) 新買鮑魚在通風涼爽處風乾，避免日光照射，待涼後放入器皿中存放，一段時間後，鮑魚表面有一層 "白霜" 狀鹽分滲出表面 (4) 直接放入乾物料區之器皿中存放即可。　　3

( ) 38. 冷藏水產品溫度須在 (1) 0~7℃ (2) 7~18℃ (3) 18~64℃ (4) 64℃ 以上。　　1

( ) 39. 冷凍水產品溫度須在 (1) 7~18℃ (2) 0~7℃ (3) -1~-18℃ (4) -18℃ 以下。　　4

( ) 40. 魚貝類的鮮度品質由何時起即開始逐漸下降，往後只能延緩腐敗的進行而無法停止，因此品質管理即為重要？ (1) 捕撈 (2) 宰殺 (3) 上鉤 (4) 烹煮。　　2

( ) 41. 牛肉的保存，為使用的方便性應如何處理後保存？ (1) 直接整塊保存 (2) 分切成所需要的大小保存 (3) 將 1 大塊切成 3 大塊保存 (4) 隨性保存。　　2

( ) 42. 隨時要使用的肉類應保存於何種溫度下較佳？ (1) 7℃ (2) 0℃ (3) 12℃ (4) -18℃。　　1

( ) 43. 做中長期存放的肉類應存放於何種溫度下才能保鮮？ (1) 4℃ (2) 0℃ (3) -18℃ (4) 8℃。　　3

( ) 44. 乾貨買回後應如何保存？ (1) 置於濕度較高的環境 (2) 與生鮮類一起存放 (3) 適時曝曬太陽可維持品質不變質 (4) 隨便放無所謂。　　3

( ) 45. 烏魚子成品保存方式有 (1) 加水泡製 (2) 冷凍或冷藏 (3) 偶而曬太陽 (4) 加鹽醃製。　　2

( ) 46. 冷凍或冷藏目的在於 (1) 加速酵素反應 (2) 抑制微生物生長 (3) 促進化學反應的進行 (4) 增進品質與風味。　　2

( ) 47. 採購冷凍肉品發現冷凍產品外層冰晶偏多表示 (1) 冷凍與儲存過程中升降溫差過大 (2) 包裝密封完整 (3) 儲存過程良好 (4) 正常現象。　　1

( ) 48. 食材儲存過程必須依其特性進行管理，其管理項目不包含下列何者？ (1) 溫度 (2) 濕度 (3) 時間 (4) 重量。　　4

( ) 49. 儲存空間過度利用可能因空氣流通不好而造成 (1) 溫度偏低 (2) 進出貨方便 (3) 食材或原物料交叉污染而影響品質 (4) 較節省成本。　　3

( ) 50. 魚類死後的變化何者正確？　 (1) 活魚→死亡→開始僵硬→完全僵硬→軟化 →腐敗→解硬　 (2) 活魚→軟化→開始僵硬→完全僵硬→死亡→解硬→腐敗 (3) 活魚→死亡→開始僵硬→完全僵硬→解硬→軟化→腐敗　 (4) 活魚→開始 僵硬→解硬→完全僵硬→解硬→死亡→軟化→腐敗。　　3

( ) 51. 蔬菜水果（香蕉除外）的冷藏庫適合的相對濕度為下列何者？　 (1) 40~50% (2) 50~60%　 (3) 60~70%　 (4) 80~95%。　　4

( ) 52. 貨品儲存管理的三項主要要點為何？　 (1) 安全、品質、氣候　 (2) 安全、品 質、人事　 (3) 安全、品質、價格成本　 (4) 安全、品質、進出紀錄登錄。　　4

( ) 53. 餐廳內只備有少量的食品以應付緊急情況所需，大部分食物會每日送達，稱 之為？　 (1) 即時存貨系統　 (2) 主要供應商存貨系統　 (3) 非即時存貨系統 (4) 當日存儲系統　 管理。　　1

( ) 54. 下列食材儲藏不當時，易產生黃麴毒素的是　 (1) 蛋　 (2) 肉　 (3) 魚　 (4) 穀 類。　　4

( ) 55. 下列何種方法，可防止冷藏（凍）庫的二次污染？　 (1) 各類食品分類貯藏 (2) 混合置放　 (3) 經常除霜　 (4) 減少開冷藏（凍）庫門之次數。　　1

( ) 56. 下列何者貯藏期最短？　 (1) 絞肉　 (2) 五花肉　 (3) 里脊肉　 (4) 梅花肉。　　1

工作項目 05：製備（刀工、烹調）及成本控制

( ) 1. 烹煮蛋花湯時為了形成蛋花，倒入蛋液時，應將火轉　 (1) 猛火　 (2) 大火 (3) 隨意　 (4) 小火或熄火。　　4

( ) 2. 下列何者可增加食材黏稠度？　 (1) 醋　 (2) 醬油　 (3) 蛋白　 (4) 沙拉油。　　3

( ) 3. 煎荷包蛋時可在鍋底加少許何種調味料較不易黏鍋？　 (1) 鹽　 (2) 醬油　 (3) 胡椒粉　 (4) 沙拉醬。　　1

( ) 4. 嫩豆腐適宜用何種烹調法？　 (1) 涼拌　 (2) 煎　 (3) 煮　 (4) 炸。　　1

( ) 5. 煎豆腐或包有腐衣的食物時宜用何種火候？　 (1) 大火　 (2) 旺火　 (3) 小火 (4) 中火。　　3

( ) 6. 豆腐切條後易斷，可在水中加入下列何者以增加其硬度？　 (1) 麵粉　 (2) 太 白粉　 (3) 糖　 (4) 鹽。　　4

( ) 7. 豆漿中因含有蛋白質，烹煮過程中易焦或粘底，所以煮豆漿時宜開何種火 候？　 (1) 旺火　 (2) 小火　 (3) 中火　 (4) 大火。　　2

( ) 8. 肌纖維多的如牛菲力，豬里肌等適合何種烹調方式，口感會較好？ (1) 高溫短時間 (2) 高溫長時間 (3) 低溫短時間 (4) 低溫長時間。 | 1

( ) 9. 肉品經過高溫加熱失重約為多少百分比？ (1) 40% (2) 45% (3) 25% (4) 35% ，加熱愈久失重愈多。 | 4

( ) 10. 翅膀較不適合使用何種方式烹調？ (1) 滷 (2) 炒 (3) 炸 (4) 燒。 | 2

( ) 11. 最適合用來燉雞湯的是哪個部位？ (1) 胸 (2) 翅膀 (3) 腳 (4) 腿。 | 4

( ) 12. 牛菲力一般最適合作何種料理，較不浪費？ (1) 牛肉絲 (2) 牛肉片 (3) 牛肉塊 (4) 牛排。 | 4

( ) 13. 牛排要先用高溫煎香兩面再烤的作用是？ (1) 封住血水鮮汁 (2) 只為煎香 (3) 美觀 (4) 縮短烹調時間。 | 1

( ) 14. 傳統東坡肉是用豬的哪個部位製作？ (1) 背部 (2) 腹部 (3) 後腿 (4) 前腿。 | 2

( ) 15. 蒸蛋的火候應使用下列何者為宜？ (1)旺火 (2)文火 (3)武火 (4)中火。 | 2

( ) 16. 乾貨最普遍的前製備處理方式為？ (1)除澀 (2)浸漬 (3)解凍 (4)減鹽。 | 2

( ) 17. 柴魚主要甘味成分為？ (1) 麩胺酸鈉 (2) 甘露糖醇 (3) 肉苷酸 (4) 琥珀酸。 | 3

( ) 18. 香菇主要甘味成分為 (1) 鳥苷酸 (2) 甘露糖醇 (3) 肉苷酸 (4) 琥珀酸。 | 1

( ) 19. 炒出好菜餚之炒菜器以下列何者為優？ (1) 厚鐵圓底 (2) 薄鐵圓底 (3) 厚鋁圓底 (4) 薄鋁平底。 | 1

( ) 20. 炒葉菜類時，為使口感青脆，宜用何種方式？ (1) 強火長時間 (2) 強火短時間 (3) 小火長時間 (4) 中火長時間。 | 2

( ) 21. 乾炒穀類無法達成以下何種作用？ (1) 賦予顏色 (2) 改善風味 (3) 增加膳食纖維 (4) 澱粉糊精化。 | 3

( ) 22. 烹調時（如堅果類），應烹至幾分熟才不會燒焦？ (1)5-6 分 (2)7-8 分 (3)9 分 (4)10 分。 | 2

( ) 23. 穀類乾炒會使澱粉 (1) 糊精化 (2) 糊化 (3) 凝膠 (4) 膨化。 | 1

( ) 24. 洗米時，最容易造成以下何種營養成分流失？ (1) 蛋白質 (2) 鈣質 (3) 澱粉 (4) 水溶性維生素。 | 4

( ) 25. 洗米時，通常會吸收多少水量？ (1) 10~15% (2) 20~25% (3) 5~10% (4) 25~30%。 | 1

( ) 26. 煮飯時，通常加水量為米重量的幾倍？ (1) 0.5~0.8 (2) 0.9~1.3 (3) 1.5~2.0 (4) 2~2.2。 **2**

( ) 27. 好吃米飯的條件，下列何者為非？ (1) 黏度要大 (2) 量要增多 (3) 透明度要大 (4) 碘值要大。 **4**

( ) 28. 下列何者是利用澱粉老化原理所製成的？ (1) 米粉 (2) 粿仔條 (3) 冬粉 (4) 麵條。 **3**

( ) 29. 麵團加鹽的目的為何？ (1) 增加黏彈性 (2) 降低黏彈性 (3) 增加吸水性 (4) 使其光滑。 **1**

( ) 30. 麵團醒麵的目的為何？ (1) 降低黏彈性 (2) 增加保水性 (3) 增加延展性 (4) 使其光滑。 **3**

( ) 31. 發粉最適宜的使用量，約為麵粉的百分之幾為宜？ (1) 1% (2) 2% (3) 3~4% (4) 5~6%。 **3**

( ) 32. 柴魚通常如何使用？ (1) 整隻煮 (2) 刨片 (3) 切片 (4) 磨粉。 **2**

( ) 33. 西式的鴨肝最適合何種烹調方式，才能表現它的風味？ (1) 煎 (2) 煮 (3) 炒 (4) 蒸。 **1**

( ) 34. 雞腿肉多元烹調法包括 (1) 烤、炸、煎 (2) 蒸、燉、烤、炸、煎 (3) 烤、煎 (4) 蒸、燉、煎。 **2**

( ) 35. 牛肉在前處理切絲切片時需 (1) 順紋路切 (2) 逆紋路切 (3) 先順紋再逆紋切 (4) 隨意切即可。 **2**

( ) 36. 豬肉在前處理切絲切片時需 (1) 順紋路切 (2) 逆紋路切 (3) 先順紋再逆紋切 (4) 隨意切即可。 **2**

( ) 37. 雞胸肉在前處理切絲切片時需 (1) 順紋路切 (2) 逆紋路切 (3) 先順紋再逆紋切 (4) 隨意切即可。 **1**

( ) 38. 肉類的切割於下列何種狀態下最能切割工整？ (1) 冷凍狀態 (2) 結霜狀態 (3) 完全化冰狀態 (4) 內硬外軟狀態。 **2**

( ) 39. 畜類的膝蓋如牛羊膝最適合以何種方式烹調？ (1) 燒燉煮 (2) 煎烤 (3) 油炸 (4) 清炒蒸。 **1**

( ) 40. 全雞不剖開而去掉裡面的骨架，中餐術語稱之為 (1) 無骨雞 (2) 甕仔雞 (3) 布袋雞 (4) 去骨雞。 **3**

( ) 41. 一頭牛有幾條牛菲力？ (1) 1 條 (2) 2 條 (3) 3 條 (4) 4 條。 **2**

( ) 42. 下列對於臘肉烹調程序之敘述，何者有誤？ (1) 切得愈厚愈好 (2) 先汆燙 (3) 先用乾鍋小火炒到自然出油 (4) 直接加油下料大火快炒。   1

( ) 43. 烹調中加入酒的目的為下列何者？ (1) 提高沸點 (2) 促使食物發酵 (3) 引發乳化作用 (4) 提升料理風味。   4

( ) 44. 油炸食物時，油溫最適合的溫度為幾度？ (1) 170℃ (2) 190℃ (3) 200℃ (4) 210℃。   1

( ) 45. 在何種油溫油炸食物，含油量會比較高？ (1) 高溫 (2) 中溫 (3) 低溫 (4) 與溫度無關。   3

( ) 46. 油炸油酸價超過多少，表示油質劣變應立即換新油，不得繼續使用？ (1) 1.0mg KOH/g (2) 2.0 mg KOH/g (3) 3.0 mg KOH/g (4) 4.0 mg KOH/g。   2

( ) 47. 有關油炸食物的敘述，下列何者正確？ (1) 食物黏在一起或黏鍋乃因油溫太高 (2) 炸出的食物不夠脆乃因油溫不夠高 (3) 炸出的食物顏色太深乃因油溫不夠高 (4) 成品吸了太多油乃因油溫太高。   2

( ) 48. 油愈炸愈久時，不會出現下列何種現象？ (1) 色深 (2) 食品水分飽足 (3) 起泡 (4) 油耗味。   2

( ) 49. 作為握壽司的生魚片，通常以何種魚肉比較適合？ (1) 油脂含量低 (2) 油脂含量高 (3) 肉質較結實 (4) 快腐敗。   2

( ) 50. 下列何種料理方式較能保持魚貝類原味？ (1) 炸 (2) 炒 (3) 燉 (4) 蒸。   4

( ) 51. 炸蝦片時宜用大火 (1) 180~185 ℃ (2) 170~175 ℃ (3) 160~170 ℃ (4) 150~ 160℃。   2

( ) 52. 處理魚內臟不慎造成有苦味，主要是何者破裂造成？ (1) 肝 (2) 腸 (3) 膽 (4) 膘。   3

( ) 53. 魚類前處理時要確實 (1) 去除骨頭 (2) 頭尾不用 (3) 去皮去骨 (4) 清除魚鱗、內臟、鰓。   4

( ) 54. 韓式泡菜最適合添加下列何者？ (1) 青椒 (2) 乾辣椒 (3) 青辣椒 (4) 紅辣椒粉。   4

( ) 55. 漿製蝦仁時，為使更富彈性滑嫩，需添加下列何者？ (1) 鹽、蛋黃、太白粉 (2) 鹽、蛋白、太白粉 (3) 糖、全蛋、太白粉 (4) 糖、全蛋、玉米粉。   2

( ) 56. 整條魚料理適宜用何種盤子盛裝？ (1) 深盤 (2) 圓盤 (3) 方盤 (4) 橢圓盤（腰子盤）。   4

( ) 57. 鮑魚所含的膠原蛋白多，肉質堅韌，故應以何種火候長時間加熱？ (1) 武火 (2) 文武火 (3) 文火 (4) 文火或武火皆可。 **3**

( ) 58. 肉類水煮烹調時由於其成分之何者的熱傳導速度比脂肪快，故應留意烹調後肉質較乾的問題？ (1) 蛋白質 (2) 醣類 (3) 肌肉 (4) 表皮。 **1**

( ) 59. 為避免魚因加熱過度使魚皮和魚肉破裂，或有效改善受熱不均的問題，故可如何處理？ (1) 在較厚部位斜劃數刀 (2) 直接除去魚皮 (3) 去魚骨 (4) 去魚尾。 **1**

( ) 60. 甲殼類含有高濃度的胺基酸和醣類，加熱後進行的何種反應，會使其嚐起來有鮮甜的滋味，聞起來有類似核果或爆米花的香氣？ (1) 梅雨反應 (2) 梅納反應 (3) 梅花反應 (4) 梅精反應。 **2**

( ) 61. 烘烤、燒烤和煎、炸等方式稱為何種烹調法，其溫度超過 100℃，主要靠褐變反應產生適當的顏色和氣味？ (1) 濕煮法 (2) 乾燒法 (3) 極熱法 (4) 水煮法。 **2**

( ) 62. 芋頭質地鬆軟，燉煮時適合何種刀工料理？ (1) 片狀 (2) 絲狀 (3) 塊狀 (4) 末狀。 **3**

( ) 63. 滾刀就是轉動食材，角度以斜切的方式來切，下列何者較不適合用滾刀法來切割？ (1) 紅蘿蔔 (2) 芋頭 (3) 地瓜 (4) 青江菜。 **4**

( ) 64. 新鮮的竹筍要燉煮排骨湯，為了口感好吃最適合切 (1) 滾刀塊 (2) 絲狀 (3) 片狀 (4) 末。 **1**

( ) 65. 芫荽是香菜的一種，不可久煮，一般都是起鍋前加在湯中，其刀工大都是 (1) 粗碎狀 (2) 粗粒狀 (3) 長條狀 (4) 塊狀。 **1**

( ) 66. 九層塔在西式料理中稱為 (1) 蘿勒 (2) 丁香 (3) 迷迭香 (4) 百里香 ，一般都是切碎或整葉放入烹調。 **1**

( ) 67. 燉是一種需要長時間的烹調，例如「苦瓜燉排骨」，其食材的刀工前處理大多數為 (1) 塊 (2) 片 (3) 絲 (4) 條。 **1**

( ) 68. 羹菜是燴的衍生烹調法，食材的切配多以下列何者為主？ (1) 丁、條 (2) 絲、丁 (3) 條、塊 (4) 丁、末。 **2**

( ) 69. 空心菜烹調時，火候應 (1) 旺火速炒 (2) 微火慢炒 (3) 旺火慢炒 (4) 微火速炒。 **1**

( ) 70. 甜椒的外皮處理，利用爐火烤至焦黑，再放入冰水中浸泡取出，就可輕易的剝下外皮，這是利用下列何種原理？ (1) 表皮炭化 (2) 冷漲熱縮 (3) 煙燻法 (4) 燒烤法。 **1**

( )　71.　切好的牛蒡要立刻放入清水中浸泡才不會變色，之後再將處理好的牛蒡放入下列何者，可使牛蒡的色澤更潔白？　(1) 3% 鹽水 (2) 3% 醋水　(3) 冰水 (4) 沙拉油。　2

( )　72.　蓮藕切開後容易褐變，何種作法可防止此現象？　(1) 殺菁　(2) 泡酒　(3) 加糖醃漬　(4) 加少許油醃漬。　1

( )　73.　下列哪一種蔬菜苦味較重，可刮除其內膜後烹調？　(1) 胡瓜　(2) 冬瓜　(3) 苦瓜　(4) 小黃瓜。　3

( )　74.　下列哪一種水果較適合油炸？　(1) 榴槤　(2) 鳳梨　(3) 西瓜　(4) 芒果。　1

( )　75.　下列何者為醋飯拌完之後迅速降溫的方法？　(1) 冷水沖　(2) 冷風吹　(3) 溫水沖　(4) 放冰箱。　2

( )　76.　醃製佛手黃瓜時，為使調味料入味，其刀工要切成五爪狀，而其最常使用的調味為下列何者？　(1) 糖、醋、鹽　(2) 花椒、辣油　(3) 糖、花椒　(4) 醋、醬油。　1

( )　77.　西芹炒雞片，雞片的刀法為何？　(1) 直切法　(2) 切絲法　(3) 平刀法　(4) 切丁法。　3

( )　78.　豆腐水份較多，乾煎時可如何操作較不易沾鍋？　(1) 保持鍋子低溫　(2) 取少量油脂潤鍋　(3) 切塊　(4) 乾鍋煎。　2

( )　79.　雞鴨胸適合何種烹調方式？　(1) 蒸　(2) 滷　(3) 煎　(4) 燉。　3

( )　80.　牛腩條適合何種烹調方式？　(1) 滷　(2) 紅燒　(3) 炸　(4) 烤。　1

( )　81.　觀察油炸油，若有下列哪些情形就應全部換成新油？　(1) 油顏色呈金黃色 (2) 酸價 1.0 mg KOH/g　(3) 總極性化合物超過 15%　(4) 泡沫面積超過油炸鍋 1/2 以上。　4

( )　82.　如何提升油炸油品質？　(1) 不油炸時要轉小火，持續加溫殺菌　(2) 可選擇能控制油溫的鍋具，避免溫度忽高忽低　(3) 不使用時再撈除油渣及過濾油炸油以免造成污染　(4) 只要油炸鍋具定時清洗乾淨，新舊油品可混合重複使用。　2

( )　83.　芋頭或山藥在去皮時與皮膚接觸，容易造成手部發癢，應如何處理？　(1) 曝曬太陽　(2) 快速削去表皮　(3) 放入熱水裡略燙片刻　(4) 浸入醋水中後削皮。　3

( )　84.　腰內肉（小里肌）適合以何種方式料理？　(1) 炸　(2) 煨　(3) 燉　(4) 溜炒。　4

( )　85.　雞腿肉較適合何種烹調法？　(1) 涼拌　(2) 煨　(3) 爆炒　(4) 蒸。　3

( ) 86. 牛肉的烹調，通常加熱到中心溫度幾度℃會變成褐白色，表示肉已煮熟？　(1) 44℃　(2) 55℃　(3) 66℃　(4) 77℃。　 4

( ) 87. 下列蔬果何者無需去皮烹調？　(1) 冬瓜　(2) 絲瓜　(3) 洋蔥　(4) 青椒。　 4

( ) 88. 日本料理「椀物」是指何種料理法？　(1) 炸　(2) 煎　(3) 湯　(4) 蒸。　 3

( ) 89. 玉子燒主要材料為下列何者？　(1) 麵粉　(2) 玉米粉　(3) 雞蛋　(4) 太白粉。　 3

( ) 90. 茶碗蒸高湯一般使用何種高湯再搭配雞蛋？　(1) 牛肉湯　(2) 雞高湯　(3) 鯖魚乾高湯　(4) 蔬菜高湯。　 3

( ) 91. 大阪燒食材裡的蔬菜主要是下列何者？　(1) 美生菜　(2) 高麗菜　(3) 大白菜　(4) 蘿蔓葉。　 2

( ) 92. 拉麵大部分麵條主要成份為下列何者？　(1) 玉米粉　(2) 小麥粉　(3) 山芋粉　(4) 地瓜粉。　 2

( ) 93. 一般丼飯醬汁多以下列哪些材料搭配？　(1) 醬油、醋、香油　(2) 醬油、味酥、水、糖　(3) 醬油、蠔油、糖　(4) 醬油、醋。　 2

( ) 94. 下面哪一個不是食物製備的原則？　(1) 使食物的味道成熟顯現、提升改變　(2) 使食物更易於消化　(3) 不考量食物成本　(4) 消滅有害生物。　 3

( ) 95. 考量廚房的空間、成本和設備，需少量製備菜餚，可以採以下何種製備方式？　(1) 餐飲製備　(2) 熟食加工　(3) 現場製作　(4) 批次烹調。　 4

( ) 96. 1 公斤為多少公克？　(1) 1000　(2) 500　(3) 400　(4) 100。　 1

( ) 97. 1 臺斤為多少公克？　(1) 1000　(2) 500　(3) 600　(4) 100。　 3

( ) 98. 1 臺兩為多少公克？　(1) 100　(2) 37.5　(3) 20　(4) 10。　 2

( ) 99. 1 盎司（固態）為多少公克？　(1) 10.10　(2) 37.50　(3) 28.35　(4) 42.32。　 3

( ) 100. 1 盎司（水）美制為多少毫升？　(1) 29.57　(2) 37.50　(3) 40.35　(4) 50.21。　 1

( ) 101. 1 公克為多少毫克？　(1) 1000　(2) 500　(3) 400　(4) 100。　 1

( ) 102. 標準量杯為多少毫升？　(1) 100　(2) 150　(3) 240　(4) 300。　 3

( ) 103. 1 大匙 (T) 為多少毫升？　(1) 10　(2) 15　(3) 40　(4) 60。　 2

( ) 104. 1 小匙 (t) 為多少毫升？　(1) 2　(2) 5　(3) 10　(4) 15。　 2

工作項目 06：認識器具設備

( ) 1. 下面哪種類型的烤箱帶有風扇或吹風機，可以使空氣流通循環？ (1) 櫃式烤箱 (2) 轉盤烤箱 (3) 燒烤烤箱 (4) 對流烤箱。 **4**

( ) 2. 何種冷藏設備是用來作為中央倉儲的大型冰箱？ (1) 走入式冰箱 (2) 伸入式冰箱 (3) 推入式冰箱 (4) 臥式冰箱。 **1**

( ) 3. 下列何者可減少菜餚的全部烹調時間達 25%，能靈活地用於各種食物的烹製過程，由於它是可以傾斜的，所以也易於傾倒和清洗？ (1) 微波爐 (2) 炒菜鍋 (3) 傾斜式燉鍋 (4) 雙層蒸鍋。 **3**

( ) 4. 利用輻射熱能迅速地以開放式將食物烤熟，可用瓦斯或電力加熱，稱為 (1) 烤箱 (2) 烤爐 (3) 微波爐 (4) 壓力鍋。 **2**

( ) 5. 儘量不以大容器而以小容器儲存食物，以衛生觀點言之，其優點為 (1) 好拿 (2) 中心溫度易降低 (3) 節省成本 (4) 增加工作效率。 **2**

( ) 6. 食物製備用具之材料不可含 (1) 鐵 (2) 銅 (3) 鉛 (4) 不鏽鋼。 **3**

( ) 7. 廚房設施規劃，在設計上以下何者不適合？ (1) 四面採直角設計 (2) 彎曲處成圓弧型 (3) 與食物接觸面平滑 (4) 完整而無裂縫。 **1**

( ) 8. 可以防止廚房排水中的有害物質－油脂、殘渣、剩飯等堵塞下水道管路，而且可以防止江、河、湖泊的水質遭到污染之設備為 (1) 截油槽 (2) 水槽濾網 (3) 攔截網 (4) 排油煙機。 **1**

( ) 9. 截油槽清潔下列何者正確？ (1) 可動式濾網應每日清潔一次 (2) 表面浮油脂一月清理一次 (3) 將可動式整流皮抽出，確實清理截留槽內殘渣，半年一次 (4) 出口之掃除口內部清潔應每天一次。 **1**

( ) 10. 廚務安全管理不包括下列何者？ (1) 健康檢查管理 (2) 防護具管理 (3) 廚房設備檢查 (4) 食物營養檢測。 **4**

( ) 11. 關於烹飪油煙危害預防，以下何者為非？ (1) 應委由專業人員設計廚房排氣與空調系統，以選用可有效抽除油煙的排氣設備 (2) 抽油煙機應定期清潔與保養，以維持原有的抽氣效 (3) 避免讓送風設備空調、電扇的風直接吹到產生油煙的爐臺上方，這會造成油煙逸散到廚房內，導致抽油煙機無法有效抽除油煙 (4) 將排氣風主機安裝在廚房內（或其他室內），排煙效果最好。 **4**

( ) 12. 金屬餐具若有鏽斑可以使用何者擦拭？ (1) 醬油 (2) 醋 (3) 水 (4) 油。 **2**

( ) 13. 有關消毒餐具的有效殺菌法,下列敘述何者錯誤?　(1) 氯液總有效氯 | 4
200ppm 以下,浸泡 2 分鐘以上　(2) 110℃ 以上之乾熱,加熱 30 分鐘以上
(3) 80℃ 以上之熱水,加熱 2 分鐘以上　(4) 100℃ 之蒸氣,加熱 1 分鐘以上。

( ) 14. 一般洗滌刀、叉、匙等餐具的適當溫度為　(1) 10℃　(2) 25℃　(3) 40℃ | 4
(4) 65℃。

( ) 15. 操作廚房器具時　(1) 可隨意操作　(2) 由新進員工操作　(3) 依使用說明圖 | 3
表或手冊操作　(4) 依主管意見操作。

( ) 16. 下列有關「廚房衛生注意事項」之敘述,何者正確?　(1) 處理生食與熟食 | 1
用之砧板、刀具各備兩套分開使用　(2) 待洗的食品、容器及器具可先暫放
於地上　(3) 蔬果、水產、畜產原料或製品無須分類儲藏　(4) 清潔用品和調
味品放置在一起。

( ) 17. 銀器餐具易氧化變為青綠色,故使用前應泡在何種溶液中擦洗清潔後,始可 | 1
使用?　(1) 熱水　(2) 冷水　(3) 雙氧水　(4) 丙酮。

( ) 18. 下列有關陶瓷類餐具的敘述,何者為非?　(1) 陶器以黏土或陶土做原料, | 3
不耐摔,西餐廳少採用　(2) 美耐皿是由合成樹脂加入三聚氰胺等原料經高
溫高壓所製成,具有瓷器的質感　(3) 骨瓷質地光潤,質重,保溫效果佳　(4)
強化玻璃瓷雖輕薄但不易破損。

( ) 19. 下列有關金屬類餐具清潔保養之敘述,何者為非?　(1) 如欲清除黏在餐具 | 1
上的食物殘渣,可使用鋼絲球予以去除　(2) 若不銹鋼餐具的外表不再亮麗,
可浸泡於水與醋的溶液中洗淨後風乾,即可改善　(3) 銀器類餐具氧化後產
生硫化物,可浸泡於熱水中洗去硫化物　(4) 為保護銀器的價值與美觀,每
年宜定期打磨、拋光。

( ) 20. 下列何種餐具不適合盛裝蛋類食品,因會接觸到蛋白而產生化學變化?　(1) | 3
玻璃餐具　(2) 陶瓷餐具　(3) 銀器餐具　(4) 美耐皿餐具。

( ) 21. 若不銹鋼刀叉匙的外表不再亮麗,可浸泡於何種溶液中洗淨後風乾,可將 | 2
水垢物質去除?　(1) 水：鍍銀劑 =1：1　(2) 水：醋 =3：1　(3) 中性清潔劑
(4) 80℃熱水。

( ) 22. 餐具預洗浸泡之時間不宜過久,應以何者為宜?　(1) 20~30 分　(2) 60 分 | 1
(3) 2 小時　(4) 3~4 小時。

( ) 23. 新購炒菜鐵鍋應如何處理?　(1) 水洗　(2) 以熱水煮　(3) 先乾燒去除表面 | 3
物質再用水清洗　(4) 直接以清潔劑清洗。

( ) 24. 新購不鏽鋼鍋應如何處理？　(1) 水洗　(2) 以熱水煮　(3) 先乾燒去除表面物質再用水清洗　(4) 直接以清潔劑清洗。 2

( ) 25. 刀具使用完後應存放於　(1) 砧板　(2) 桌面　(3) 紫外線燈櫃　(4) 配菜盤上以防交叉污染。 3

( ) 26. 使用萬能蒸烤箱，最好使用　(1) 熱水　(2) 自來水　(3) 過濾水　(4) 軟水於防止管路阻塞。 4

( ) 27. 清潔之餐具如放置於開放空間達　(1) 6 小時　(2) 12 小時　(3) 18 小時　(4) 24 小時　未使用，應重新洗滌。 4

( ) 28. 清潔餐具不可再經過　(1) 清潔區　(2) 準清潔區　(3) 污染區　(4) 緩衝區。 3

( ) 29. 工作檯四角處宜磨成　(1) 菱形　(2) 方形　(3) 圓形　(4) 直角　避免工作碰撞。 3

( ) 30. 廚房不鏽鋼材質多使用 sus304 及　(1) sus430　(2) sus431　(3) sus432　(4) sus434　兩種。 1

( ) 31. 置物架設置應注意　(1) 美觀　(2) 價格　(3) 移動速度　(4) 寬度與載重　避免東西掉落。 4

( ) 32. 冷凍庫裡面應備有　(1) 紀錄表　(2) 警鈴及防反鎖裝置　(3) 防寒衣　(4) 鐵鎚　之安全設置。 2

MEMO

國家圖書館出版品預行編目資料

食物製備單一級技能檢定：學／術科教戰指南 /
OMAK, 何金城, 陳楓洲編著. -- 二版. -- 新北市：
新文京開發出版股份有限公司, 2022.12
　　面；　公分

ISBN 978-986-430-896-5（平裝）

1.CST：食物　2. CST：烹飪　3. CST：考試指南

427　　　　　　　　　　　　　　111019626

食物製備單一級技能檢定
學／術科教戰指南（第二版）　　（書號：HT50e2）

編 著 者	OMAK　何金城　陳楓洲	
出 版 者	新文京開發出版股份有限公司	
地 址	新北市中和區中山路二段 362 號 9 樓	
電 話	(02) 2244-8188（代表號）	
F A X	(02) 2244-8189	
郵 撥	1958730-2	
初 版	西元 2020 年 10 月 10 日	
二 版	西元 2022 年 12 月 10 日